Mathematik Kompakt

Birkhäuser

Mathematik Kompakt

Herausgegeben von:
Martin Brokate
Karl-Heinz Hoffmann
Götz Kersting
Kristina Reiss
Otmar Scherzer
Gernot Stroth
Emo Welzl

Die Lehrbuchreihe *Mathematik Kompakt* ist eine Reaktion auf die Umstellung der Diplomstudiengänge in Mathematik zu Bachelor- und Masterabschlüssen.
Inhaltlich werden unter Berücksichtigung der neuen Studienstrukturen die aktuellen Entwicklungen des Faches aufgegriffen und kompakt dargestellt.
Die modular aufgebaute Reihe richtet sich an Dozenten und ihre Studierenden in Bachelor- und Masterstudiengängen und alle, die einen kompakten Einstieg in aktuelle Themenfelder der Mathematik suchen.
Zahlreiche Beispiele und Übungsaufgaben stehen zur Verfügung, um die Anwendung der Inhalte zu veranschaulichen.

- **Kompakt:** relevantes Wissen auf 150 Seiten
- **Lernen leicht gemacht:** Beispiele und Übungsaufgaben veranschaulichen die Anwendung der Inhalte
- **Praktisch für Dozenten:** jeder Band dient als Vorlage für eine 2-stündige Lehrveranstaltung

Jürgen Scheurle

Gewöhnliche Differentialgleichungen

Eine Symbiose von klassischer und qualitativer Theorie

Jürgen Scheurle
Fakultät für Mathematik
TU München
Garching b. München, Deutschland

Mathematik Kompakt
ISBN 978-3-319-55603-1 ISBN 978-3-319-55604-8 (eBook)
DOI 10.1007/978-3-319-55604-8

Die Deutsche Nationalbibliothek verzeichnet diese Publikation in der Deutschen Nationalbibliografie; detaillierte bibliografische Daten sind im Internet über http://dnb.d-nb.de abrufbar.

Mathematics Subject Classification (2010): 34-01, 37–01

Birkhäuser

Gedruckt auf säurefreiem und chlorfrei gebleichtem Papier

Birkhäuser ist Teil von Springer Nature
Die eingetragene Gesellschaft ist Springer International Publishing AG
Die Anschrift der Gesellschaft ist: Gewerbestrasse 11, 6330 Cham, Switzerland

Vorwort

Differentialgleichungen wurden von Newton (1642–1727) eingeführt. Nach dessen Vorstellung drücken Differentialgleichungen die Gesetze der Natur aus. Ihre Lösungen sind Funktionen, welche Phänomene bzw. Prozesse der Natur beschreiben, abhängig von zusätzlichen Bedingungen wie Anfangs- oder Randbedingungen. Spätestens mit den klassischen Arbeiten von J. Bernoulli (1667–1748), Euler (1707–1783), d'Alembert (1717–1783) und Lagrange (1736–1813) sowie später von Laplace (1749–1827), Gauß (1777–1855), Jacobi (1804–1851), Hamilton (1805–1865) und Liouville (1809–1892) etablierte sich die Verwendung von Differentialgleichungen als grundlegendes mathematisches Mittel zur Formulierung von Gesetzen der Physik und insbesondere der Mechanik (vgl. [5], [26]). Inzwischen spielen Differentialgleichungen in vielerlei Anwendungsgebieten der Mathematik eine bedeutende Rolle (siehe z. B. [3], [9], [10]). Dies gilt insbesondere für gewöhnliche Differentialgleichungen (GDGn), deren Lösungen Funktionen einer skalaren Variablen sind, im Kontext von Anwendungen häufig der Zeit- bzw. einer Ortsvariablen.

Mathematisch war das Bestreben lange Zeit, für spezielle Typen von GDGn Verfahren zur expliziten analytischen Darstellung der Lösungen bzw. von Approximationen der Lösungen – nach Möglichkeit in geschlossener Form – zu entwickeln. Ferner wurden allgemeine Existenz- und Eindeutigkeitssätze für Lösungen formuliert und bewiesen. Von den zahlreichen klassischen Lehrbüchern über GDGn sei in diesem Zusammenhang insbesondere auf die Bücher [1], [8], [9], [12], [19], [21], [23], [24] und [37] hingewiesen.

Eine neue Epoche der mathematischen Behandlung von GDGn begann mit Poincaré (1854–1912). Er begründete mit einer Reihe von Arbeiten ([32], [33], [34]) die so genannte *qualitative Theorie von GDGn* und somit die *Theorie dynamischer Systeme* [7]. Hierbei stehen geometrische Eigenschaften der Lösungen bzw. von Lösungsmengen im Fokus der Betrachtung. Diese Entwicklung wurde während der ersten Hälfte des 20. Jahrhunderts insbesondere durch russische Mathematiker wie A. M. Lyapunov (1857–1918), der die Stabilitätstheorie für Bewegungen begründete, wesentlich vorangetrieben (vgl. [27], [29], [31]). Der eigentliche Durchbruch setzte jedoch erst in den 1950er Jahren ein, eng verbunden mit bahnbrechenden Arbeiten u. a. von Kolmogorov (1903–1987), Arnold (1937–2010), Moser (1928–1999), Smale (geb. 1930) und Takens (1940–2010). Diese Entwicklung fand allerdings bislang kaum Eingang in die einführende Lehrbuchliteratur.

Das vorliegende Lehrbuch versucht, diese Lücke im Bereich der Mathematik-Ausbildung im Bachelor- bzw. zu Beginn des Masterstudiums zu schließen, ohne dabei den klassischen Stoff zu vernachlässigen. Es behandelt auf mathematisch sehr gründliche Weise die wichtigsten analytischen Methoden und Resultate der klassischen Theorie für Anfangswertprobleme zu GDGn (Kap. 1, 4 und 5), inklusive von Sätzen zur Existenz, Eindeutigkeit und Fortsetzbarkeit von Lösungen sowie zur stetigen, Lipschitz-stetigen und differenzierbaren Abhängigkeit der Lösungen von den Anfangsdaten und von den Parametern (Kap. 3). Auch ein Einblick in die klassische Lösungstheorie für Rand- und Eigenwertprobleme zu GDGn wird gegeben (Kap. 5). Darüber hinaus werden grundlegende Elemente der qualitativen Theorie eingeführt und ausführlich besprochen (Kap. 2). Damit bietet das Buch insbesondere einen idealen Einstieg in die Theorie dynamischer Systeme. Thematisch verwandte Bücher ([3], [4], [6], [15], [16], [17], [20], [28], [36]) dringen wesentlich tiefer in die qualitative Theorie von GDGn ein als dies im Rahmen einer einsemestrigen Vorlesung im Bachelorbereich möglich ist.

Dem Buch liegt eine Vorlesung über GDGn zugrunde, die an der TU München regelmäßig für Studierende im 4. Fachsemester der Bachelorstudiengänge Mathematik und Physik gehalten wird. Es wird lediglich Vertrautheit mit dem an Universitäten in Grundvorlesungen üblicherweise gelehrten Stoff der Analysis und der Linearen Algebra vorausgesetzt.

Die Anordnung des Stoffes ist so gewählt, dass das Lehrbuch in Vorlesungen unterschiedlichen zeitlichen Umfangs und unterschiedlicher mathematischer Tiefe einsetzbar ist. In den Kap. 1, 4 und 5 liegt der Fokus auf konstruktiven analytischen Lösungsmethoden, wobei stets ein Bezug zu relevanten theoretischen Grundlagen aus den Kap. 2 und 3 hergestellt wird. Numerische Methoden werden nicht behandelt. Die Kenntnis des Inhalts von Kap. 3 sowie der relativ technischen Beweise einiger Sätze, welche in den Anhang (Kap. 6) ausgelagert sind, ist für ein angemessenes Verständnis des übrigen Stoffs nicht zwingend erforderlich. Daher kann beides je nach Format einer Vorlesung auch vollständig weggelassen oder abschnittsweise in die Behandlung des übrigen Stoffs integriert werden. Zahlreiche, detailliert ausgearbeitete Beispiele sowie eine umfangreiche Auswahl an Übungsaufgaben zu jedem Kapitel dienen einem besseren Verständnis bzw. zur Ergänzung des behandelten Stoffs. Bei den mit einem Stern * gekennzeichneten Übungsaufgaben ist der Schwierigkeitsgrad höher einzuschätzen als bei den übrigen. Wichtige Bezeichnungen und Begriffe sind an den Stellen im Buch, wo sie eingeführt bzw. erklärt werden, fett gedruckt. Als bekannt vorausgesetzte Sätze, die im Buch nicht formuliert sind, werden in kursiver Schrift zitiert.

Ich danke meiner Ehefrau Karin für die unschätzbare Hilfe, das Manuskript für das Buch zu TEXen. Hans-Peter Kruse habe ich die Auswahl und Formulierung vieler Übungsaufgaben zu verdanken. Bei den Herausgebern der Lehrbuchreihe *Mathematik Kompakt*, allen voran bei meinem Kollegen Martin Brokate, und beim Birkhäuser-Verlag bedanke ich mich vielmals für die Anregung bzw. für die Ermöglichung, dieses Buch zu schreiben.

Garching b. München, Januar 2017 Jürgen Scheurle

Inhaltsverzeichnis

Skalare GDGn 1. Ordnung

1

Der einfachste Typ einer gewöhnlichen Differentialgleichung (GDG) hat die Gestalt

$$\Phi(t, x, \dot{x}) = 0 \quad \text{(implizite Form)} \tag{1.1}$$

beziehungsweise

$$\dot{x} = \Psi(t, x) \quad \text{(explizite Form)}\,. \tag{1.2}$$

Die Funktionen $\Phi : V \to \mathbb{R}$ und $\Psi : U \to \mathbb{R}$ sind dabei in nicht-leeren, offenen Teilmengen $V \subset \mathbb{R}^3$ bzw. $U \subset \mathbb{R}^2$ definiert und skalar. Hier und im gesamten Buch schließt die Verwendung des Symbols $\subset$ die Gleichheit der betreffenden Mengen nicht aus. Die so genannte **unabhängige Variable** ist hier mit t bezeichnet, da sie in Anwendungen vielfach die Zeit repräsentiert. Im Gegensatz zu einer partiellen Differentialgleichung hat man bei einer GDG nur eine einzige (skalare) unabhängige Variable. Tritt diese nicht explizit auf, dann heißt die GDG **autonom**, sonst **nicht-autonom**. Die beiden anderen Variablen x und $\dot{x}$ heißen **abhängige Variablen**.

Die durch eine solche GDG gegebene mathematische Aufgabe besteht darin, Werte der abhängigen Variablen $x = x(t)$ und $\dot{x} = \dot{x}(t) = \frac{dx}{dt}(t)$ als Funktionen der unabhängigen Variablen t so zu bestimmen, dass die Gleichung (1.1) bzw. (1.2) an jeder Stelle t im Definitionsbereich dieser Funktionen erfüllt ist. Repräsentiert t die Zeit und ist x beispielsweise eine Ortsvariable, dann beschreibt die Funktion $x(t)$ einen Pfad bzw. eine Bewegung, und ihre Ableitung $\dot{x}(t)$ ist die entsprechende Geschwindigkeit zum Zeitpunkt t.

In der Literatur findet man x auch als Bezeichnung für die unabhängige Variable. Dies ist insbesondere dann üblich, wenn jene einen Ort repräsentiert. Die abhängigen Variablen werden dann beispielsweise y und y' genannt, wobei y' für die Werte der Ableitung $y' = y'(x) = \frac{dy}{dx}(x)$ der gesuchten Funktion $y = y(x)$ steht (vgl. Abschn. 5.4).

Die Ordnung der höchsten auftretenden Ableitung heißt **Ordnung der GDG**. Die GDGn in (1.1) und (1.2) sind also von erster Ordnung.

J. Scheurle, *Gewöhnliche Differentialgleichungen*, Mathematik Kompakt,
DOI 10.1007/978-3-319-55604-8_1

Die implizite Form (1.1) ist offensichtlich allgemeiner als die explizite Form (1.2) und stellt die allgemeinste Form einer skalaren GDG erster Ordnung in reellen Variablen dar. Durch Auflösung nach $\dot{x}$ in Abhängigkeit von t und x lässt sich (1.1) aber in der Regel fast überall in V in die Form (1.2) überführen (obgleich im Allgemeinen nicht eindeutig). Daher beschränken wir uns im Folgenden auf die Behandlung skalarer GDGn erster Ordnung in der expliziten Form (1.2).

Als Nächstes führen wir einen mathematisch strengen Lösungsbegriff ein.

Definition (Lösungsbegriff für die GDG (1.2))

Eine differenzierbare Funktion $\varphi : I = (a, b) \subset \mathbb{R} \to \mathbb{R}$ heißt **Lösung** von (1.2), falls $(t, \varphi(t)) \in U$ und $\dot{\varphi}(t) = \Psi(t, \varphi(t))$ für alle $t \in I$ gilt, wobei $-\infty \leq a < b \leq \infty$. Das offene Intervall I heißt **Existenzintervall** der Lösung φ. Falls φ auf kein I umfassendes offenes Intervall als Lösung von (1.2) fortgesetzt werden kann, heißt I **maximales Existenzintervall.** Gilt $I = \mathbb{R}$, dann ist φ eine **globale Lösung**, sonst eine **lokale Lösung**. Der Graph $\text{graph}(\varphi) \subset U$ heißt **Integralkurve (Trajektorie)** der GDG (1.2) zur Lösung φ.

Offensichtlich gilt: Falls die Lösungsfunktion φ über einen der Endpunkte a bzw. b ihres Existenzintervalls hinaus fortgesetzt werden kann, muss die zugehörige Integralkurve zur betreffenden Seite hin sowohl vom Rand ∂U von U als auch vom Unendlichen strikt wegbeschränkt sein, d. h. zur betreffenden Seite hin innerhalb einer kompakten Teilmenge von U verlaufen. Im Umkehrschluss heißt dies: Kommt eine Integralkurve zu einer Seite hin dem Unendlichen oder ∂U beliebig nahe, dann kann die zugrunde liegende Lösungsfunktion über den entsprechenden Endpunkt a bzw. b ihres Existenzintervalls hinaus nicht fortgesetzt werden.

Nun stellt sich die Frage, ob eine GDG überhaupt eine Lösung besitzt. Die implizite GDG $\dot{x}^2 + 1 = 0$ hat beispielsweise keine reelle Lösung. In der Regel besitzen GDGn jedoch unendlich viele Lösungen bzw. Integralkurven. Um gewisse Lösungen zu selektieren – im Idealfall eine einzige und somit **eindeutige Lösung** – formuliert man Zusatzbedingungen.

Im Fall des zu (1.2) gehörenden **Anfangswertproblems (AWP)**

$$\begin{aligned} \dot{x} &= \Psi(t, x), \quad (t, x) \in U \subset \mathbb{R}^2 \\ x(t_0) &= x_0 \end{aligned} \tag{1.3}$$

sucht man Lösungen $\varphi : I \to \mathbb{R}$ der GDG (1.2), welche zu gegebenen **Anfangsdaten** $t_0 \in I$ und x_0 mit $(t_0, x_0) \in U$ die **Anfangsbedingung (AB)** $x(t_0) = x_0$ erfüllen, d. h. in t_0 den **Anfangswert** $\varphi(t_0) = x_0$ annehmen (siehe Abb. 1.1).

Nach dem Satz [Peano[1]] (siehe Kap. 3) hat das AWP (1.3) in einem hinreichend kleinen Existenzintervall I mit $t_0 \in I$ stets eine Lösung, falls die Funktion $\Psi : U \to \mathbb{R}$

[1] Giuseppe Peano (1858–1932); Turin

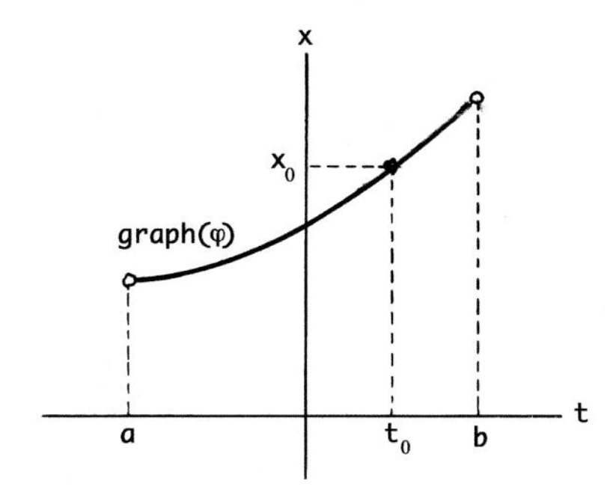

Abb. 1.1 Schematische Darstellung der Integralkurve zu einer Lösung $x = \varphi(t)$ des AWPs (1.3) im Existenzintervall $I = (a, b)$

stetig ist. Allerdings ist die Lösung unter dieser Bedingung im Allgemeinen nicht eindeutig und sogar nicht einmal **lokal eindeutig**, d. h. nicht einmal in einem beliebig kleinen Existenzintervall I mit $t_0 \in I$. Die weiteren Ausführungen belegen diese Behauptung.

Im Fall der Eindeutigkeit ist die **stetige Abhängigkeit** von den Anfangsdaten im Hinblick auf Anwendungen eine weitere wichtige Eigenschaft der Lösung eines AWPs, da reale Daten in der Regel fehlerbehaftet sind.

In den folgenden Abschnitten des Kapitels betrachten wir einige spezielle Klassen von GDGn des Typs (1.2), bei denen man die Lösungen des zugehörigen AWPs auf die Berechnung bestimmter bzw. unbestimmter Integrale (**Quadraturen**) zurückführen kann (**elementar (analytisch) lösbare GDGn**). Dies ermöglicht insbesondere die Darstellung der Gesamtheit aller Lösungen (**allgemeine Lösung**) dieser GDGn in geschlossener analytischer Form. Im Allgemeinen sind GDGn nicht elementar lösbar. Dazu sind besondere Eigenschaften struktureller Art erforderlich.

1.1 Skalare GDGn 1. Ordnung mit getrennten Variablen

Diese haben die Form

$$\dot{x} = f(t)\, g(x)\,, \quad (t, x) \in U \subset \mathbb{R}^2, \tag{1.4}$$

wobei die Funktionen f und g skalar sind und nur von einer Variablen t bzw. x abhängen; $U = J \times M$ ist hier die Produktmenge offener Teilmengen J und M von $\mathbb{R}$ (ein **Rechtecksbereich**).

Satz (Lokale Existenz und Eindeutigkeit sowie stetige Abhängigkeit von den Anfangsdaten für Lösungen des zur GDG (1.4) gehörenden AWPs) *Die Funktionen f und g seien nahe $t = t_0$ und $x = x_0$, $(t_0, x_0) \in U$, definiert und stetig, wobei $g(x_0) \neq 0$ gelte. Dann existiert für t hinreichend nahe t_0 eine Lösung $\varphi(t) = \varphi(t; t_0, x_0)$, $\varphi(t_0; t_0, x_0) = x_0$, des zu (1.4) gehörenden AWPs. Diese ist lokal eindeutig* *in dem Sinne, dass je zwei derartige Lösungen für t hinreichend nahe t_0 übereinstimmen. Ferner ist φ eine stetig differenzierbare Funktion bzgl. t, t_0 und x_0 und hängt somit insbesondere stetig von den Anfangsdaten t_0 und x_0 ab.*

► **Bemerkung** Für x_0 mit $g(x_0) = 0$ hat das AWP (1.3) trivialerweise die konstante Lösung $\varphi(t) \equiv x_0$. Diese ist allerdings im Allgemeinen nicht eindeutig und nicht einmal lokal eindeutig.

Beweis des vorigen Satzes Wir führen einen konstruktiven Beweis mittels der **Methode der Trennung der Variablen**. Wir zeigen zunächst: Unter den Voraussetzungen des Satzes ist eine in einem hinreichend kleinen offenen Intervall $I \subset \mathbb{R}$ mit $t_0 \in I$ definierte Funktion $\varphi(t)$ Lösung des betrachteten AWPs genau dann, wenn sie dort differenzierbar ist, sowie $g(\varphi(t)) \neq 0$ und

$$\int_{x_0}^{\varphi(t)} \frac{d\xi}{g(\xi)} = \int_{t_0}^{t} f(\tau)\, d\tau\,, \quad t \in I \tag{1.5}$$

erfüllt. (Integrale sind in diesem Buch im Sinne von Riemann[2] zu verstehen.) Denn ist φ eine Lösung jenes AWPs und t hinreichend nahe bei t_0, dann existiert dort die Ableitung $\dot{\varphi}(t) = f(t)\, g(\varphi(t))$ und diese ist stetig. Ferner gilt dort $g(\varphi(t)) \neq 0$, was aus $g(x_0) \neq 0$ folgt, sowie

$$\int_{t_0}^{t} \frac{\dot{\varphi}(\tau)}{g(\varphi(\tau))}\, d\tau = \int_{t_0}^{t} f(\tau)\, d\tau\,.$$

Mittels der Substitution $\xi = \varphi(\tau)$ für die Integrationsvariable des linken Integrals folgt hieraus die Formel (1.5).

Umgekehrt impliziert die Formel (1.5) für eine differenzierbare Funktion φ mit $g(\varphi(t)) \neq 0$, $t \in I$, dass $\varphi(t_0) = x_0$ gilt, und nach Differentiation beider Seiten der Gleichung in (1.5) bzgl. t, dass φ für $t \in I$ die GDG (1.4) und somit das zugehörige AWP löst.

Um den Satz zu beweisen, betrachten wir für ξ hinreichend nahe x_0 und τ hinreichend nahe t_0, Stammfunktionen $G(\xi)$ und $F(\tau)$ von $\frac{1}{g(\xi)}$ bzw. $f(\tau)$. Man beachte, dass diese stetig differenzierbar und bis auf eine additive Konstante eindeutig sind. Somit ist die Formel (1.5) äquivalent zu

$$G(\varphi(t)) - G(x_0) = F(t) - F(t_0)\,, \quad t \in I\,.$$

Wegen $G'(x_0) = \frac{1}{g(x_0)} \neq 0$, bildet G eine geeignete Umgebung von $\xi = x_0$ umkehrbar eindeutig auf eine Umgebung von $G(x_0)$ ab, und nach dem *Satz über die Umkehrabbildung* ist die Umkehrfunktion G^{-1} dort stetig differenzierbar. Daher existiert genau eine

[2] Bernhard Riemann (1826–1866); Göttingen

Funktion $\varphi(t) = \varphi(t; t_0, x_0)$, $t \in I$, welche die Gleichung (1.5) in jedem hinreichend kleinen offenen Intervall I mit $t_0 \in I$ erfüllt. Diese Funktion ist explizit gegeben durch die Formel:

$$\varphi(t; t_0, x_0) = G^{-1}(G(x_0) + F(t) - F(t_0))$$

Somit ist sie stetig differenzierbar bzgl. t, t_0 und x_0 und löst das zu (1.4) gehörende AWP aufgrund der zu Beginn des Beweises gezeigten Äquivalenz zu der Gleichung in (1.5). □

Beispiele

- Gegeben sei das AWP

$$\begin{aligned} \dot{x} &= x^2, \quad (t, x) \in U = \mathbb{R}^2 \\ x(t_0) &= x_0 . \end{aligned}$$

Mit $f(t) \equiv 1$ und $g(x) = x^2$ ergibt sich für $x_0 \neq 0$ nach (1.5)

$$\begin{aligned} & \int_{x_0}^{\varphi(t)} \frac{d\xi}{\xi^2} = \int_{t_0}^{t} d\tau \\ \iff \quad & -\frac{1}{\varphi(t)} + \frac{1}{x_0} = t - t_0 . \end{aligned}$$

Nach dem vorigen Satz sind die Lösungen für $x_0 \neq 0$ lokal eindeutig, und keine der dazugehörenden Integralkurven in der (t, x)-Ebene berührt oder schneidet die Integralkurve der konstanten Lösung $\varphi(t; t_0, 0) \equiv 0$ (t-Achse). Man überlegt sich leicht, dass daher keine weitere Lösung existiert. Somit findet man für beliebige Anfangsdaten $(t_0, x_0) \in \mathbb{R}^2$ eine eindeutige Lösung

$$\varphi(t; t_0, x_0) = \begin{cases} \left(\frac{1}{x_0} + t_0 - t\right)^{-1}, & t \in I = \left(-\infty, \frac{1}{x_0} + t_0\right), \ x_0 > 0 \\ 0, & t \in I = \mathbb{R}, \ x_0 = 0 \\ \left(\frac{1}{x_0} + t_0 - t\right)^{-1}, & t \in I = \left(\frac{1}{x_0} + t_0, \infty\right), \ x_0 < 0 \end{cases}$$

mit einem gewissen maximalen Existenzintervall I. Da diese Lösungen alle in ihrem jeweiligen maximalen Existenzintervall eindeutig sind, stellt $\varphi(t; t_0, x_0)$ die allgemeine Lösung der GDG $\dot{x} = x^2$ in Ahängigkeit von den Anfangsdaten t_0 und x_0 dar. In diesem Fall heißt $\varphi(t; t_0, x_0)$ **Fundamentallösung** der GDG. Der obigen Formel entnehmen wir, dass $\varphi(t; t_0, x_0)$ im vorliegenden Beispiel stetig differenzierbar von t, t_0 und x_0 abhängt. Eine einfachere Darstellung der allgemeinen Lösung erhält man im vorliegenden Fall, indem man t_0 und x_0 zu einem Parameter c zusammenfasst ($c = \frac{1}{x_0} + t_0 \in \mathbb{R}$ beliebig bzw. $c = \infty$):

$$\varphi_{\text{allg}}(t) = \varphi(t; c) = \begin{cases} \frac{1}{c-t}, & t \lessgtr c, \ c \in \mathbb{R} \\ 0, & t \in \mathbb{R}, \ c = \infty \end{cases}$$

Generell ist dort, wo $\varphi(t; c)$ keine Nullstelle von g ist, eine entsprechende Darstellung der allgemeinen Lösung implizit definiert durch die Gleichung $G(\varphi(t; c)) = F(t) - c$ ($c \in \mathbb{R}$ beliebig), wobei G und F wie im Beweis des vorigen Satzes Stammfunktionen der Integranden in (1.5) sind.

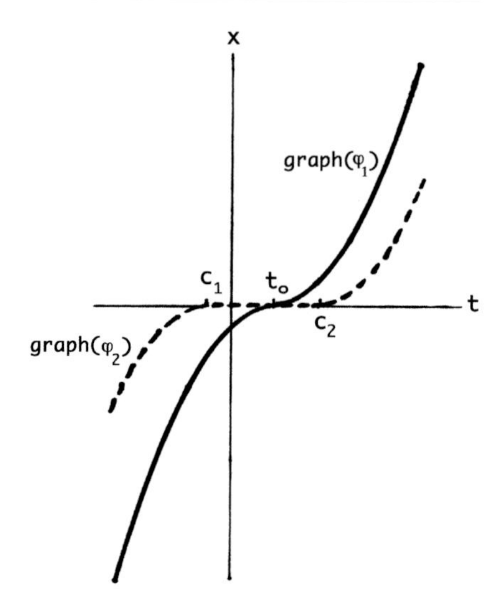

Abb. 1.2 Schematische Darstellung der Integralkurven zu zwei verschiedenen Lösungen $x = \varphi_1(t)$ und $x = \varphi_2(t)$ des AWPs $\dot{x} = x^{2/3}$ $(x \in \mathbb{R})$, $x(t_0) = 0$

- Gegeben sei das AWP

$$\begin{aligned} \dot{x} &= x^{2/3}, \quad (t,x) \in U = \mathbb{R}^2 \\ x(t_0) &= x_0 . \end{aligned}$$

Mit $f(t) \equiv 1$ und $g(x) = x^{2/3}$ ergibt sich für $x_0 \neq 0$ nach (1.5)

$$\int\limits_{x_0}^{\varphi(t)} \frac{d\xi}{\xi^{2/3}} = \int\limits_{t_0}^{t} d\tau$$
$$\Longleftrightarrow \quad 3\varphi(t)^{1/3} - 3x_0^{1/3} = t - t_0 .$$

Somit findet man für beliebige Anfangsdaten $(t_0, x_0) \in \mathbb{R}$ eine globale Lösung

$$\varphi(t) = \begin{cases} \left(x_0^{1/3} + \frac{t-t_0}{3}\right)^3, & t \in \mathbb{R},\ x_0 \neq 0 \\ 0, & t \in \mathbb{R},\ x_0 = 0 . \end{cases}$$

Diese Lösungen sind aber nicht eindeutig, für $x_0 = 0$ nicht einmal lokal. Denn für $x_0 \neq 0$ sind die zugehörigen Integralkurven kubische Parabeln in der (t, x)-Ebene, welche die Integralkurve der konstanten Lösung $\varphi(t) \equiv 0$ (t-Achse) im Punkt $t = t_0 - 3x_0^{1/3}$ tangential schneiden.

Die unterhalb, längs und oberhalb der t-Achse verlaufende Stücke dieser Integralkurven lassen sich daher zu weiteren Integralkurven zusammensetzen (vgl. Abb. 1.2). Somit ergibt sich die allgemeine Lösung der GDG $\dot{x} = x^{2/3}$ in der Form

$$\varphi_{\text{allg}}(t; c_1, c_2) = \begin{cases} \left(\frac{t-c_1}{3}\right)^3, & -\infty < t \leq c_1 \\ 0, & c_1 < t < c_2 \\ \left(\frac{t-c_2}{3}\right)^3, & c_2 \leq t < \infty \end{cases} ,$$

wobei c_1 und c_2 Parameter sind ($-\infty \leq c_1 < \infty$, $-\infty < c_2 \leq \infty$, $c_1 \leq c_2$ beliebig). Das obige AWP hat also für alle Anfangsdaten jeweils ein Kontinuum an globalen Lösungen. Für $x_0 = 0$ unterscheiden sich sogar in jedem beliebig kleinen offenen Intervall I, das t_0 enthält, einige dieser Lösungen voneinander. Insbesondere folgt daraus, dass die zugrunde liegende GDG keine Fundamentallösung besitzt.

► **Bemerkung** Die gleichen Argumente wie bei diesen Beispielen belegen, dass das AWP zu einer GDG vom Typ (1.4) genau dann eine Fundamentallösung besitzt, wenn es für alle Werte von x_0 mit $g(x_0) = 0$ lokal eindeutig lösbar ist. Eine hinreichende Bedingung dafür ist in der Übungsaufgabe 1.4 zu finden (vgl. auch Satz [Picard[3]-Lindelöf[4], lokale Version] in Abschn. 3.1).

Die Methode der Trennung der Variablen spielt auch für die Lösung der im nächsten Abschnitt behandelten Klasse elementar lösbarer GDGn eine wesentliche Rolle.

1.2 Skalare lineare GDGn 1. Ordnung

Diese haben die Form:

$$\dot{x} = a(t)\,x + h(t)\,, \quad (t, x) \in U = \mathbb{R}^2 \tag{1.6}$$

Der Einfachheit halber setzen wir voraus, dass die Funktionen $a, h : \mathbb{R} \to \mathbb{R}$ auf ganz $\mathbb{R}$ definiert und stetig sind. (Falls sie einen anderen gemeinsamen offenen Definitionsbereich in $\mathbb{R}$ haben und in diesem stetig sind, gelten die folgenden Ergebnisse entsprechend.) Die Funktion h heißt **Inhomogenität**. Ist h die Nullfunktion $h(x) \equiv 0$, dann ist die Gleichung (1.6) im strikten Sinne linear bzgl. der abhängigen Variablen x und $\dot{x}$ und heißt **homogene lineare GDG**, andernfalls **inhomogene lineare GDG**.

Im homogenen Fall ist die GDG (1.6) vom Typ (1.4) mit $f(t) = a(t)$ und $g(x) = x$. Entsprechend der vorigen Beispiele ergibt sich für die Lösung des zugehörigen AWPs nach (1.5)

$$\ln \frac{\varphi(t)}{x_0} = \ln \left| \frac{\varphi(t)}{x_0} \right|, \quad \int\limits_{x_0}^{\varphi(t)} \frac{d\xi}{\xi} = \int\limits_{t_0}^{t} a(\tau)d\tau\,, \quad x_0 \neq 0\,,$$

$$\iff \quad \varphi(t; t_0, x_0) = x_0 e^{\int_{t_0}^{t} a(\tau)d\tau}\,, \quad t \in I = \mathbb{R}\,.$$

Dabei haben wir benutzt, dass die Werte dieser Funktion für alle t dasselbe Vorzeichen haben wie $x_0 \neq 0$. Die hergeleitete Formel stellt im vorliegenden Fall die Fundamentallösung der GDG (1.6) dar. Denn, indem wir $x_0 = 0$ setzen, stellen wir fest, dass jene

[3] (Charles) Emile Picard (1856–1941); Toulouse, Paris

[4] Ernst Leonard Lindelöf (1870–1946); Helsingfors

Formel auch die konstante Lösung $\varphi(t) \equiv 0$ darstellt. Außerdem ist diese lokal eindeutig, da $\varphi(t; t_0, x_0) \neq 0$ für alle $t \in \mathbb{R}$ gilt, falls $x_0 \neq 0$. Nach der vorigen Bemerkung ist das AWP zur GDG (1.6) also für beliebige Anfangsdaten t_0 und x_0 **global eindeutig** lösbar.

Für die allgemeine Lösung der homogenen GDG in (1.6) (**allgemeine homogene Lösung**) ergibt sich wieder eine einfachere Darstellung, indem wir t_0 und x_0 zu einem Parameter $c = x_0 e^{-\int_0^{t_0} a(\tau)d\tau} \in \mathbb{R}$ zusammenfassen:

$$\varphi_{\text{allg}}^h(t; c) = c\,\varphi_1(t)\,, \quad t \in I$$

wobei

$$\varphi_1(t) = e^{\int_0^t a(\tau)d\tau}\,.$$

Der **Lösungsraum** einer homogenen linearen skalaren GDG 1. Ordnung ist also ein eindimensionaler reeller Vektorraum mit der für Funktionen φ und $\tilde{\varphi}$, welche denselben Definitionsbereich I haben, üblichen punktweisen Addition und skalaren Multiplikation ($\lambda \in \mathbb{R}$):

$$(\varphi + \tilde{\varphi})(t) := \varphi(t) + \tilde{\varphi}(t)\,, \quad t \in I$$
$$(\lambda\varphi)(t) := \lambda\varphi(t)$$

Die obige Funktion φ_1 ist eine **Basislösung**, da sie jenen Vektorraum aufspannt.

Die Vektorraumstruktur des Lösungsraums ist eine Konsequenz der Linearität der GDG im strikten Sinn. Im inhomogenen Fall ist der Lösungsraum dagegen affin-linear.

Lemma *Die allgemeine Lösung der inhomogenen GDG* (1.6) *hat die Darstellung*

$$\varphi_{\text{allg}}(t; c) = \varphi_p(t) + \varphi_{\text{allg}}^h(t; c)\,, \quad t \in I = \mathbb{R}\,,\ c \in \mathbb{R} \text{ beliebig}\,.$$

Hierbei ist $\varphi_p(t)$ eine ***partikuläre (spezielle) Lösung*** *von* (1.6). *Anstelle von $\varphi_{\text{allg}}^h(t; c)$ kann auch jede andere Darstellung der allgemeinen Lösung der zugehörigen homogenen GDG $\dot{x} = a(t)x$ verwendet werden.*

Beweis Für jeden Wert von $c \in \mathbb{R}$ gilt

$$\begin{aligned}\dot{\varphi}_{\text{allg}}(t; c) &= \dot{\varphi}_p(t) + \dot{\varphi}_{\text{allg}}^h(t; c)\\ &= a(t)\varphi_p(t) + h(t) + a(t)\varphi_{\text{allg}}^h(t; c)\\ &= a(t)\varphi_{\text{allg}}(t; c) + h(t)\,,\end{aligned}$$

d. h. $\varphi_{\text{allg}}(t; c)$ löst (1.6).

Sind andererseits $\varphi_p(t)$ und $\varphi(t)$ Lösungen von (1.6), dann gilt

$$\begin{aligned}\frac{d}{dt}(\varphi(t) - \varphi_p(t)) &= \dot{\varphi}(t) - \dot{\varphi}_p(t) \\ &= a(t)\varphi(t) + h(t) - a(t)\varphi_p(t) - h(t) \\ &= a(t)(\varphi(t) - \varphi_p(t))\end{aligned}$$

d. h. $\varphi - \varphi_p$ löst die zu (1.6) gehörende homogene GDG. Also gilt $\varphi(t) = \varphi_p(t) + \varphi^h_{\text{allg}}(t; c)$ für ein $c \in \mathbb{R}$. □

Gelegentlich kann man eine partikuläre Lösung φ_p erraten bzw. durch einen geschickten Ansatz abhängig von der speziellen Form der Funktionen a und h in (1.6) ermitteln (vgl. Übungsaufgabe 1.8 b), Hinweis). Mit der **Methode der Variation der Konstanten** kann man für beliebige, stetige Funktionen a und h eine partikuläre Lösung systematisch bestimmen. Dabei macht man für φ_p den Ansatz

$$\varphi_p(t) = c(t)\varphi_1(t), \quad t \in I,$$

wobei die Funktion $c(t)$ zu bestimmen ist und φ_1 irgendeine Basislösung der homogenen GDG ist. Einsetzen dieses Ansatzes in (1.6) liefert die Bedingung

$$\begin{aligned} & \dot{c}(t)\varphi_1(t) + c(t)\dot{\varphi}_1(t) = a(t)c(t)\varphi_1(t) + h(t) \\ \iff \quad & \dot{c}(t) = \frac{h(t)}{\varphi_1(t)}, \quad t \in I.\end{aligned}$$

Für $c(t)$ kann man also irgendeine Stammfunktion des Quotienten von h und φ_1 wählen. Im Hinblick auf die Lösung des zu (1.6) gehörenden AWPs ist es sinnvoll,

$$c(t) = \int_{t_0}^{t} \frac{h(s)}{\varphi_1(s)}\, ds, \quad t \in I$$

zu wählen, so dass $c(t_0) = 0$ und daher für die resultierende partikuläre Lösung

$$\varphi_p(t) = \int_{t_0}^{t} h(s)\frac{\varphi_1(t)}{\varphi_1(s)}\, ds$$

$\varphi_p(t_0) = 0$ gilt. Somit können wir den folgenden Satz formulieren.

Satz (Existenz, Eindeutigkeit und stetige Abhängigkeit von den Anfangsdaten für Lösungen von (1.6)) *Die Funktionen a und h seien stetig. Dann ist das zugehörige AWP für alle Anfangsdaten* $(t_0, x_0) \in U = \mathbb{R}^2$ *global lösbar. Die Lösung ist jeweils eindeutig, also global eindeutig, und gegeben durch die Formel:*

$$\varphi(t; t_0, x_0) = \int_{t_0}^{t} e^{\int_s^t a(\tau)d\tau} h(s)\, ds + x_0\, e^{\int_{t_0}^t a(\tau)d\tau}$$

Die so definierte Fundamentallösung ist stetig differenzierbar bzgl. t, t_0 *und* x_0.

Beweisskizze Anwendung des vorigen Lemmas mit Darstellung der allgemeinen Lösung der homogenen GDG in Form der Fundamentallösung und $\varphi_p(t)$ gemäß obiger Formel mit $\varphi_1(t_0) = e^{\int_{t_0}^t a(\tau)d\tau}$; Verifikation der behaupteten Eigenschaften von $\varphi(t; t_0, x_0)$ durch direktes Nachrechnen. □

Es gibt noch andere Klassen von elementar lösbaren GDGn. Weitere Beispiele von skalaren GDGn werden in den Übungsaufgaben 1.5–1.9 zu diesem Kapitel behandelt, Beispielklassen allgemeineren Typs in späteren Kapiteln. Wie bereits erwähnt, sind GDGn in der Regel nicht elementar lösbar. Oft muss man sich mit Approximationen bzw. numerischen Darstellungen von Lösungen begnügen. Nicht zuletzt im Hinblick darauf ist es äußerst nützlich, sich a-priori eine möglichst detaillierte Vorstellung vom **qualitativen Verhalten** der Lösungen zu verschaffen (**qualitative Theorie von GDGn**). Die Bereitstellung entsprechender mathematischer Konzepte und Methoden ist im Fokus dieses Lehrbuchs. Numerische Methoden werden nicht behandelt.

Ein systematischer Zugang zur qualitativen Theorie erfordert abstrakte Konzepte wie Phasenraum (Phasenmannigfaltigkeit) und Phasenfluss. Im nächsten Kapitel werden wir diese entwickeln. Dabei betrachten wir GDGn wesentlich allgemeineren Typs als bisher.

1.3 Übungsaufgaben

1.1 Man bestimme die Lösungen der folgenden AWPe ($t, x \in \mathbb{R}$):

a) $\dot{x} = -(\cos t)x + \cos t,\ x(0) = 1$
b) $\dot{x} = -\frac{2}{t}x + 5t^2,\ x(1) = 2\ (t \neq 0)$
c) $\dot{x} = 2tx + t^3,\ x(0) = 1$
d) $\dot{x} = -\frac{3}{2}x - \frac{1}{2}\cos t - \frac{1}{2}e^t - \frac{1}{2}t,\ x(0) = 2$
e) $\dot{x} = -7x + \sin t + 2 + t - t^2,\ x(0) = 1$
f) $\dot{x} = \frac{t^3}{(x+2)^2},\ x(0) = 1\ (x \neq -2)$
g) $\dot{x} = t^2 x - 3t^2,\ x(0) = 4$
h) $\dot{x} = t^2 x - 3t^2,\ x(0) = 3$
i) $\dot{x} = \frac{t-x}{t+x},\ x(0) = 1\ (x \neq -t)$
j) $\dot{x} = -\frac{1}{t}x + 3,\ x(1) = 2\ (t \neq 0)$
k) $\dot{x} = -7x + \sin t + 2,\ x(0) = 1$

1.2 Für die folgenden GDGn bestimme man jeweils eine Darstellung der allgemeinen Lösung ($t, x \in \mathbb{R}$):

a) $\dot{x} = -\frac{1+x^2}{1+t^2}$

b) $\dot{x} = \frac{t}{\sqrt{1+t^2}} e^{-x}$

c) $\dot{x} + x \sin t = \sin^3 t$

1.3 Skizzieren Sie jeweils möglichst viele Integralkurven folgender Differentialgleichungen ($t, x \in \mathbb{R}$):

a) $\dot{x} + x^3 = 0$

b) $\dot{x} + tx = 0$

c) $\dot{x} = 1 + t - x$

d) $\dot{x} + x^2 = 0$

e) $\dot{x} = -tx + t$

f) $\dot{x} = -x + 2t + 3$

1.4* Man zeige: Seien $f, g : \mathbb{R} \to \mathbb{R}$ stetige Funktionen und $x_0 \in \mathbb{R}$ eine isolierte Nullstelle von g, wobei $g(x) \neq 0$, $x \in [x_0 - \varepsilon, x_0 + \varepsilon] \setminus \{x_0\}$, mit $\varepsilon > 0$ hinreichend klein, gelte und die uneigentlichen Integrale

$$\int_{x_0-\varepsilon}^{x_0} \frac{1}{g(\xi)}\, d\xi \quad \text{sowie} \quad \int_{x_0}^{x_0+\varepsilon} \frac{1}{g(\xi)}\, d\xi$$

divergieren. Dann besitzt das AWP

$$\begin{aligned} \dot{x} &= f(t)g(x) \\ x(t_0) &= x_0 \end{aligned}$$

für beliebige $t_0 \in \mathbb{R}$ eine eindeutige globale Lösung.

1.5 Eine **homogene skalare GDG 1. Ordnung** hat die Form

$$\dot{x} = \Psi\left(\frac{x}{t}\right), \quad t \neq 0,$$

wobei $\Psi : \mathbb{R} \to \mathbb{R}$ eine stetige Funktion ist.

Hinweis: Zur analytischen Lösung ersetzt man die Variable x durch v gemäß $x = vt$.

a) Bestimmen Sie die allgemeine Lösung der Differentialgleichung

$$\dot{x} = \frac{x}{t} - \sqrt{1 + \left(\frac{x}{t}\right)^2}, \quad t \neq 0.$$

b) Skizzieren Sie möglichst viele Integralkurven dieser GDG im Bereich $t > 0, x > 0$.

1.6 a) Die Differentialgleichung

$$f(t, x) + g(t, x)\dot{x} = 0$$

($(t, x) \in U \subset \mathbb{R}$, U offen) heißt **exakte GDG**, wenn es eine stetig differenzierbare Funktion $F : U \to \mathbb{R}$ gibt derart, dass $\frac{\partial F}{\partial t}(t, x) = f(t, x)$ und $\frac{\partial F}{\partial x}(t, x) = g(t, x)$ für $(t, x) \in U$.

a1) Zeigen Sie: Ist die obige Differentialgleichung exakt, so sind die Lösungen genau die differenzierbaren Funktionen $x = \varphi(t)$, deren Graph in U liegt und für welche die Funktion $F(t, \varphi(t))$ konstant ist.

a2) Sei F wie in Teil a1). Zeigen Sie, dass eine notwendige Bedingung dafür, dass F zweimal stetig differenzierbar ist, lautet:

$$\frac{\partial f}{\partial x}(t,x) - \frac{\partial g}{\partial t}(t,x) = 0 \quad \text{für alle } (t,x) \in U$$

b) Bestimmen Sie unter den folgenden Differentialgleichungen die exakten. Berechnen Sie für diese sämtliche Lösungen im Bereich $t > 0, x > 0$ in expliziter Form. Bestimmen Sie ferner die maximalen Existenzintervalle dieser Lösungen. Skizzieren Sie jeweils einige Integralkurven der exakten GDGn im betreffenden Bereich.

$$\begin{aligned} t^2 - x - t\dot{x} &= 0 \\ x(t - 7x) - (t^2 + 3)\dot{x} &= 0 \\ t^2 + x^2 + 4 + (tx + 1)\dot{x} &= 0 \\ t^2 + x^2 + 2tx\dot{x} &= 0 \end{aligned}$$

1.7 Wir betrachten die Differentialgleichung ($t, x \in \mathbb{R} \setminus \{0\}$)

$$t^2 + x^2 + t + tx\dot{x} = 0 \,. \qquad (\star)$$

a) Zeigen Sie, dass $(\star)$ nicht exakt (Definition siehe Aufgabe 1.6) ist.

b) Zeigen Sie, dass es eine differenzierbare Funktion $m = m(t)$ gibt, so dass die mit m multiplizierte Differenzialgleichung $(\star)$ exakt ist. Die Funktion m heißt **Eulerscher[5] Multiplikator** oder auch **integrierender Faktor**.

c) Berechnen Sie eine Lösung $x = \varphi(t)$ der Differentialgleichung $(\star)$ mit $\varphi(1) = \frac{5}{6}$ und skizzieren Sie die entsprechende Integralkurve.

1.8 a) Die Differentialgleichung

$$\dot{x} = f(t)x + g(t)x^{\alpha} \qquad (\star)$$

mit $f, g : \mathbb{R} \to \mathbb{R}$ stetig und $\alpha \in \mathbb{R} \setminus \{0, 1\}$ heißt **Bernoullische[6] Differentialgleichung**. Zeigen Sie, dass $x = \varphi(t)$ genau dann eine positive Lösung von $(\star)$ ist, wenn $z = \varphi(t)^{1-\alpha}$ eine positive Lösung der Differentialgleichung

$$\dot{z} = (1-\alpha)f(t)z + (1-\alpha)g(t) \qquad (\star\star)$$

ist. Beweisen Sie diese Aussage auch für negative Lösungen, sofern α ganzzahlig und gerade ist.

b) Berechnen Sie sämtliche Lösungen im Bereich $x \neq 0$ der Differentialgleichung

$$\dot{x} + tx = tx^3 \qquad (\star\star\star)$$

und bestimmen Sie jeweils das maximale Existenzintervall.

[5] Leonard Euler (1707–1783); Basel, Berlin, St. Petersburg
[6] Johann Bernoulli (1667–1748); Groningen, Basel

Hinweise: Verwenden Sie das Resultat von a), um eine Differentialgleichung der Form ($\star\star$) zu erhalten. Diese lässt sich zum Beispiel auch mit einem Potenzreihenansatz $z(t) = \sum_{n=0}^{\infty} a_n t^n$ lösen. Mit $x = \varphi(t)$ ist auch $x = -\varphi(t)$ eine Lösung von ($\star\star\star$).

c) Gibt es weitere Lösungen der Differentialgleichung ($\star\star\star$) neben den in Teil b) erhaltenen?

1.9 a) Berechnen Sie alle Lösungen der Differentialgleichung

$$\dot{x} = -tx + tx^2, \quad (t, x) \in \mathbb{R} \times \mathbb{R}.$$

b) Zeigen Sie, dass die zu obiger Differentialgleichung gehörenden Anfangswertprobleme mit den Anfangsbedingungen

$$x(0) = \frac{1}{2}$$

bzw.

$$x(0) = 0$$

global eindeutig lösbar sind, und geben Sie die betreffenden Lösungen explizit an.

c) Zeigen Sie, dass nicht alle Lösungen der Differentialgleichung auf ganz $\mathbb{R}$ definiert sind.

1.10 a) Begründen Sie, dass die Lösung des folgenden Anfangswertproblems in ihrem maximalen Existenzintervall für sämtliche Anfangswerte $(t_0, x_0) \in \mathbb{R}^2$ eindeutig bestimmt ist ($t, x \in \mathbb{R}$)

$$\dot{x} = -\frac{1}{3}x^2t^2, \qquad x(t_0) = x_0.$$

b) Berechnen Sie die Fundamentallösung der betreffenden GDG explizit.

c) Skizzieren Sie möglichst viele Integralkurven dieser GDG.

1.11 Bestimmen Sie die Lösungen der folgenden Anfangswertprobleme in ihren maximalen Existenzintervallen und geben Sie jeweils das maximale Existenzintervall an ($(t, x) \in \mathbb{R} \times \mathbb{R}$):

a) $\dot{x} = t^2(-x + \ln x + 1)$, $x(0) = 1$

b) $\dot{x} = x^3 \sin t$, $x(\pi) = 1$

1.12 a) Die GDG ($t, x \in \mathbb{R}$)

$$\dot{x} + f(t)x + g(t)x^2 = h(t) \qquad (\star)$$

mit $f, g, h : \mathbb{R} \to \mathbb{R}$ stetig, stellt eine **Riccatische[7] Differentialgleichung** dar. Es sei $x = \varphi_p(t)$ irgendeine partikuläre Lösung. Zeigen Sie, dass

$$x = \varphi_p(t) + \varphi(t)$$

genau dann eine Lösung von ($\star$) ist, wenn $x = \varphi(t)$ eine Lösung der Bernoullischen Differentialgleichung

$$\dot{\tilde{x}} = -(f(t) + 2g(t)\varphi_p(t))\tilde{x} - g(t)\tilde{x}^2 \qquad (\star\star)$$

ist.

[7] Graf Jacopo Francesco Riccati (1676–1756); Venedig, Treviso

b) Bestimmen Sie die allgemeine Lösung der GDG

$$\dot{x} + e^{-t}x^2 = a\,e^t$$

mit beliebigem $-\frac{1}{4} < a \in \mathbb{R}$. Skizzieren Sie einige Integralkurven dieser GDG für ein $a > 0$.

GDGn 1. Ordnung im $\mathbb{R}^n$ 2

In Analogie zum skalaren Fall betrachten wir in diesem Kapitel GDGn in expliziter Form:

$$\dot{x} = \Psi(t, x), \quad (t, x) \in U \tag{2.1}$$

Dies ist die **Vektordarstellung**. Hierbei ist die Abbildung $\Psi = (\Psi_1, \ldots, \Psi_n)^T : U \to \mathbb{R}^n$ ($n \geq 1$) auf einer offenen Teilmenge $U \subset \mathbb{R} \times \mathbb{R}^n$ definiert und vektorwertig. Die unabhängige Variable $t \in \mathbb{R}$ ist weiterhin skalar, während die abhängigen Variablen $x = (x_1, \ldots, x_n)^T \in \mathbb{R}^n$ und $\dot{x} = (\dot{x}_1, \ldots, \dot{x}_n)^T \in \mathbb{R}^n$ nun vektorwertig sind. Die **komponentenweise Darstellung** von (2.1) lautet wie folgt:

$$\begin{aligned} \dot{x}_1 &= \Psi_1(t, x_1, \ldots, x_n) \\ &\vdots \\ \dot{x}_n &= \Psi_n(t, x_1, \ldots, x_n) \end{aligned}$$

Eine GDG erster Ordnung im $\mathbb{R}^n$ entspricht also einem System von n (im Allgemeinen) gekoppelten skalaren GDGn erster Ordnung.

Die in Kap. 1 eingeführten Begriffe und Sprechweisen gelten analog. Einige formulieren wir noch einmal explizit.

Definition (Lösungsbegriff für (2.1))

- Eine differenzierbare Funktion $\varphi : I = (a, b) \subset \mathbb{R} \to \mathbb{R}^n$ heißt **Lösung** von (2.1), falls $(t, \varphi(t)) \in U$ und $\dot{\varphi}(t) = \frac{d}{dt}\varphi(t) = \Psi(t, \varphi(t))$ für alle $t \in I$ gilt, wobei $-\infty \leq a < b \leq \infty$. Das offene Intervall I ist das zugehörige **Existenzintervall** bzw. das **maximale Existenzintervall**, falls φ nicht als Lösung von (2.1) über I hinaus fortgesetzt werden kann. Gilt $I = \mathbb{R}$, dann ist φ eine **globale Lösung**, sonst eine **lokale Lösung**. Der Graph graph(φ) einer Lösungsfunktion φ im Produktraum $\mathbb{R} \times \mathbb{R}^n$ heißt **Integralkurve (Trajektorie)** der GDG (2.1).

J. Scheurle, *Gewöhnliche Differentialgleichungen*, Mathematik Kompakt,
DOI 10.1007/978-3-319-55604-8_2

- Eine Lösung φ von (2.1) erfüllt die Anfangsbedingung $x(t_0) = x_0$ zu gegebenen Anfangsdaten $t_0 \in I$ und $x_0 \in \mathbb{R}^n$ mit $(t_0, x_0) \in U$, falls $\varphi(t_0) = x_0$ gilt. Gegebenenfalls löst φ das AWP

$$\begin{aligned} \dot{x} &= \Psi(t,x)\,, \qquad (t,x) \in U \subset \mathbb{R} \times \mathbb{R}^n \\ x(t_0) &= x_0 \end{aligned} \tag{2.2}$$

Unter der Voraussetzung, dass dieses für beliebige Anfangsdaten $(t_0, x_0) \in U$ lokal eindeutig lösbar ist, definiert die Gesamtheit der Lösungsfunktionen $\varphi(t; t_0, x_0)$, jeweils im maximalen Existenzintervall bzgl. t, die **Fundamentallösung** der GDG (2.1).

► **Bemerkung** In Kap. 3 werden wir uns ausführlich mit Fragen der Existenz, Eindeutigkeit und Glattheit der Lösungen des AWPs (2.2) befassen. Beispielsweise garantiert die (hinreichende) Bedingung, dass Ψ stetig differenzierbar (eine **C^1-Funktion** bzw. **C^1-glatt**) ist, nicht nur die Existenz der Fundamentallösung $\varphi(t; t_0, x_0)$ sondern auch deren stetige Differenzierbarkeit bzgl. t, t_0 und x_0. Beides wird in Kap. 2 vorausgesetzt, sofern nichts anderes vermerkt ist. Unter dieser Voraussetzung führen wir in den folgenden Abschnitten dieses Kapitels grundlegende Begriffe und Konzepte der qualitativen Theorie von GDGn ein und erörtern diese gründlich.

Die Eindeutigkeit der Lösungen des AWPs (2.2) impliziert zudem die grundlegende **Evolutionseigenschaft** der Fundamentallösung

$$\varphi(t; s, \varphi(s; t_0, x_0)) = \varphi(t; t_0, x_0)\,.$$

Diese gilt überall, wo die Funktionen links und rechts vom Gleichheitszeichen erklärt sind. Denn als Funktionen von t lösen beide das AWP (2.2) mit der Anfangsbedingung $x(s) = \varphi(s; t_0, x_0)$.

Dieser Eigenschaft der Fundamentallösung entnehmen wir unter anderem, dass zur Darstellung der Gesamtheit aller Lösungen einer GDG der Form (2.1), also der **allgemeinen Lösung**, n unabhängige, skalare Parameter ausreichen. Enthalten die maximalen Existenzintervalle der Lösungen einen gemeinsamen Punkt $t = t^*$, dann kann man dazu die n Komponenten von x_0 verwenden und in der Fundamentallösung $t_0 = t^*$ setzen. Dies trifft beispielsweise im Fall einer linearen GDG zu, wie wir noch sehen werden.

Mit $\Psi(t,x) = A(t)x$, $(t,x) \in J \times \mathbb{R}^n$, wobei J eine offene Teilmenge von $\mathbb{R}$ und

$$A : J \to \mathbb{R}^{(n,n)}\,; \quad t \mapsto A(t) = (a_{ij}(t))_{1 \le i,j \le n}$$

eine Matrixfunktion (**Systemmatrix**) ist, hat man in (2.1) eine **homogene lineare GDG**. Gilt $\Psi(t,x) = A(t)x + h(t)$ mit einer von der Nullfunktion verschiedenen Funktion $h : J \to \mathbb{R}^n$, dann ist die lineare GDG **inhomogen**.

Wie in Kap. 1 unterscheidet man **nicht-autonome** und **autonome** GDGn des Typs (2.1). Eine autonome GDG erster Ordnung im $\mathbb{R}^n$ ist durch ein in einem offenen Teilbereich M des $\mathbb{R}^n$ definiertes **Vektorfeld** $v = (v_1, \dots, v_n)^T : M \subset \mathbb{R}^n \to \mathbb{R}^n$ gegeben:

$$\dot{x} = v(x), \quad (t, x) \in U = \mathbb{R} \times M \tag{2.3}$$

Entsprechend der vorigen Bemerkung sei v in diesem Kapitel stetig differenzierbar (ein C^1**-Vektorfeld** bzw. C^1**-glatt**). Somit gilt:

Lemma (Struktur der Fundamentallösung im autonomen Fall) *Für die Fundamentallösung $\varphi(t; t_0, x_0)$ von (2.3) gilt neben der obigen Evolutionseigenschaft die Struktureigenschaft*

$$\varphi(t; t_0, x_0) = \varphi(t - t_0; 0, x_0) =: \varphi(t - t_0; x_0)$$

und somit, soweit definiert,

$$\varphi(t; \varphi(s; x_0)) = \varphi(t + s; x_0).$$

Beweisskizze Wie man leicht nachrechnet, ist im autonomen Fall mit einer Lösung $\varphi(t)$, $t \in I$, auch jede bzgl. t verschobene Funktion $\varphi(\alpha + t)$ mit $\alpha \in \mathbb{R}$ fix, $\alpha + t \in I$, eine Lösung. Daher ist $\varphi(t - t_0; 0, x_0)$ für jede Wahl von $(t_0, x_0) \in \mathbb{R} \times M$ und t in einem geeigneten Intervall I eine Lösung von (2.3), welche zudem die Anfangsbedingung $x(t_0) = x_0$ erfüllt. Die eindeutige Lösbarkeit des AWPs impliziert also $\varphi(t - t_0; 0, x_0) = \varphi(t; t_0, x_0)$. Ferner $\varphi(t; \varphi(s; x_0)) = \varphi(t; 0, \varphi(s; 0, x_0)) = \varphi(t + s; s, \varphi(s; 0, x_0)) = \varphi(t + s; 0, x_0) = \varphi(t + s; x_0)$. □

Zur Bestimmung der Fundamentallösung $\varphi(t - t_0; x_0)$ der autonomen GDG (2.3) reicht es also, das zugehörige AWP für $t_0 = 0$ zu lösen. Die spezielle Abhängigkeit der Fundamentallösung von t und t_0 im autonomen Fall hat wichtige Konsequenzen für die gesamte Lösungsstruktur einer solchen GDG:

Sei graph$(\varphi) \subset I \times M$ eine Integralkurve zu einer Lösung φ von (2.3) mit maximalem Existenzintervall I. Nach dem vorigen Lemma geht diese Integralkurve durch Parallelverschiebung in Richtung eines Vektors $(\alpha, 0) \in \mathbb{R} \times M$ wieder in eine Integralkurve der GDG (2.3) über. Aufgrund der eindeutigen Lösbarkeit des zugehörigen AWPs sind diese beiden Integralkurven entweder disjunkt oder deckungsgleich. Im Fall der Disjunktheit für beliebige $\alpha \in \mathbb{R}$ ist die Lösungsfunktion $\varphi : I \to M$ injektiv. Im Fall der Deckungsgleichheit für beliebig kleine Werte von $\alpha > 0$ gilt für solche α-Werte und alle $t \in I$ die Identität $\varphi(t + \alpha) = \varphi(t)$. (Rechtsseitige) Differentiation dieser bzgl. α bei $\alpha = 0$ impliziert dann $\dot{\varphi}(t) = 0$, d. h. die Lösungsfunktion φ ist konstant und auf ganz $\mathbb{R}$ definiert, $\varphi(t) = x_G$ $(t \in I = \mathbb{R},\ x_G \in M)$, und die betreffende Integralkurve ist eine zur t-Achse parallele Gerade.

In allen anderen Fällen existieren Werte $t = t_1$ und $t = t_2$ im Existenzintervall I mit minimalem positivem Abstand $\alpha = T = t_1 - t_2 > 0$, so dass $\varphi(t_1) = \varphi(t_2)$ gilt.

Dann ist die betreffende Lösung φ ebenfalls auf ganz $\mathbb{R}$ definiert und periodisch mit der (minimalen) Periode T (***T*-periodische Lösung**), d. h. es gilt:

$$\varphi(t+T) = \varphi(t)\,, \quad t \in I = \mathbb{R}$$

Mit $T > 0$ ist auch jedes ganzzahlige Vielfache $kT\,, 2 \le k \in \mathbb{N}$, eine Periode dieser Lösung. Ihr Graph ist eine T-periodische Integralkurve in $\mathbb{R} \times M$.

2.1 Konzept des Phasenraums

Der Definitionsbereich $M \subset \mathbb{R}^n$ des Vektorfelds v ist der **Phasenraum** (die **Phasenmannigfaltigkeit**) der autonomen GDG (2.3). Die **Orbits** (**Phasenkurven**) einer solchen GDG sind Punktmengen in M, die sich ergeben, indem man die Integralkurven in $\mathbb{R} \times M$, welche zu den Lösungen mit maximalem Existenzintervall gehören, in Richtung der t-Achse auf den Phasenraum projiziert. Hierbei identifizieren wir den Unterraum (die Untermannigfaltigkeit) $\{0\} \times M$ in $\mathbb{R} \times M$ mit $M \subset \mathbb{R}^n$. Durch jeden festen Punkt x^* des Phasenraums M verläuft genau ein Orbit, den wir mit Γ_{x^*} bezeichnen. Denn gemäß der obigen Überlegungen gehen die Integralkurven durch die Punkte $(t, x^*) \in \mathbb{R} \times M$, $x^* \in M$ fix, paarweise durch Parallelverschiebung in t-Richtung ineinander über – jeweils ein maximales Existenzintervall der zugrunde liegenden Lösung vorausgesetzt – und führen daher alle auf ein und denselben Orbit $\Gamma_{x^*} \subset M$. Eine kanonische Parametrisierung von Γ_{x^*} mit $t \in I$ als Parameter ist durch die Fundamentallösung gegeben:

$$\Gamma_{x^*} = \{x = \varphi(t; x^*) \mid t \in I\} \subset M$$

Ein Orbit besteht genau dann aus einem einzigen Punkt $x_G \in M$, d. h. $\Gamma_{x_G} = \{x_G\}$, wenn die Lösung $\varphi(t; x_G) \equiv x_G$ konstant ist. Solche Punkte heißen **Gleichgewichtspunkte** (**Ruhelagen**) der GDG in (2.3) bzw. **singuläre Punkte** des Vektorfelds v und sind durch die Gleichung $v(x_G) = 0$ (als Nullstellen von v) charakterisiert. Alle anderen Orbits sind orientierte, glatte Kurven in M, wobei durch $v(x) \neq 0$ in jedem Orbitpunkt x ein Tangentenvektor gegeben ist. Dies folgt aus $\dot{\varphi}(t; x^*) = v(\varphi(t; x^*))$, da zur Parametrisierung des Orbits durch x^* die Lösung $\varphi(t; x^*)$ von (2.3) verwendet werden kann. Die Richtung von $v(x^*)$ bestimmt die **Orientierung** des Orbits durch x^*. Als Punktmenge in M ist ein Orbit Γ_{x_p} genau dann eine einfach geschlossene, orientierte Kurve, wenn die Lösung $\varphi(t; x_p)$ periodisch mit einer minimalen Periode $T > 0$ ist. Gesetztenfalls ist Γ_{x_p} ein so genannter ***T*-periodischer Orbit** und jeder Punkt von Γ_{x_p} ein ***T*-periodischer Punkt**. Orbits Γ_{x^*} durch Punkte $x^* \in M$, die weder Gleichgewichtspunkte noch periodische Punkte sind, sind doppelpunktfreie, offene Kurven, die den Phasenraum M von Rand (bzw. von Unendlich) zu Rand (bzw. zu Unendlich) durchlaufen. Darüber hinaus ist keine Fortsetzung möglich, wie wir in Kap. 3 zeigen werden. Da die Lösungsfunktion $\varphi(\,\cdot\,; x^*) : I \to M$ in diesem Fall injektiv ist, ist eine Selbstdurchdringung eines solchen Orbits Γ_{x^*} ausgeschlossen. Die Orbits im Phasenraum M einer autonomen GDG vom Typ (2.3) beschreiben also die Lösungen unter Vernachlässigung der genauen t-Abhängigkeit.

Physikalisch kann man sie als Bewegungsbahnen eines Teilchens im Phasenraum M interpretieren, welches sich in einem Punkt $x \in M$ mit der Geschwindigkeit $v(x)$ bewegt. In einem Gleichgewichtspunkt ruht das Teilchen.

Vom Standpunkt der qualitativen Theorie von GDGn aus, ist man in erster Linie an den Orbits interessiert (**Phasenraumdiskussion**). Dabei spielen die Gleichgewichtspunkte, die man relativ leicht bestimmen kann, eine grundlegende Rolle. Auch der Verlauf der Orbits in der Nähe der Gleichgewichtspunkte ist von zentraler Bedeutung. Während die Orbits durch eine hinreichend kleine Umgebung jedes anderen Punkts im Phasenraum gewissermaßen parallel hindurchlaufen (siehe Abschn. 3.4, Satz [Begradigungssatz, autonomer Fall]), kann sich ihr Verhalten nahe eines Gleichgewichtspunkts von Fall zu Fall qualitativ unterscheiden und sehr vielfältig sein. Dies führt zu einer Klassifikation der Gleichgewichtspunkte.

► **Bemerkung** Orbits darf man keinesfalls mit Integralkurven verwechseln. Allerdings ist es selbst im nicht-autonomen Fall mittels eines „Tricks" möglich, Integralkurven (zu Lösungen mit maximalem Existenzintervall) als Orbits im so genannten **erweiterten Phasenraum** $U \subset \mathbb{R} \times \mathbb{R}^n$ aufzufassen. Dazu geht man von der GDG (2.1) durch Erweiterung mittels der trivialen skalaren GDG $\dot{\tau} = 1$ über zur autonomen GDG:

$$\begin{aligned} \dot{\tau} &= 1\,, \quad (\tau, x) \in U \\ \dot{x} &= \Psi(\tau, x) \end{aligned} \tag{2.4}$$

Offenbar entsprechen die Lösungen von (2.1) in U der x-Komponente der Lösungen von (2.4) mit $\tau(t) = t$. Somit sind die Integralkurven zu Lösungen von (2.1) mit maximalen Existenzintervallen die Orbits der GDG (2.4). Tatsächlich ist (2.1) die Orbitgleichung von (2.4) bzgl. der Variablen τ, wenn man in (2.1) τ anstelle von t und $\frac{d}{d\tau}x$ anstelle von $\dot{x}$ schreibt (siehe Abschn. 2.3).

► **Bezeichnung** Eine schematische, graphische Darstellung von repräsentativen Orbits einer GDG im Phasenraum heißt **Phasenportrait** (**Phasendiagramm**). Dabei wird die Orientierung eines Orbits durch eine angeheftete Pfeilspitze gekennzeichnet (vgl. Abb. 2.1, 2.2, 2.3, 2.4, 2.5, 3.1, 3.2 und 5.1).

Wie erstellt man solch ein Phasenportrait? Eine elementare, rein graphische Methode besteht darin, in einer geeigneten Darstellung des Phasenraums bzw. von Teilbereichen des Phasenraums die Gleichgewichtspunkte zu markieren sowie dort, wo $v(x) \neq 0$ ist, eine repräsentative Auswahl an glatten Kurven zu skizzieren, welche dem Vektorfeld $v(x)$ tangential angepasst und entsprechend orientiert sind.

Beispiel

$$\dot{x} = x - x^3\,, \quad (t, x) \in \mathbb{R} \times \mathbb{R}$$

Der Phasenraum ist hier $M = \mathbb{R}$. Das Vektorfeld $v(x) = x - x^3$ ist ein Polynom und daher stetig differenzierbar. Die Nullstellen von $v(x)$ und damit die Gleichgewichtspunkte sind $x_G^1 = 0$ sowie

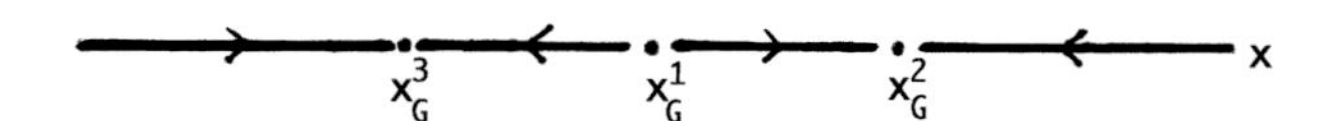

Abb. 2.1 Phasenportrait zur GDG $\dot{x} = x - x^3$ ($x \in \mathbb{R}$), bestehend aus dem einen instabilen und den zwei asymptotisch stabilen Gleichgewichtspunkten $x_G^1 = 0$ und $x_G^{2,3} = \pm 1$, den heteroklinen Orbits $(-1, 0)$ und $(0, 1)$ sowie den unbeschränkten Orbits $(-\infty, -1)$ und $(1, \infty)$

$x_G^{2,3} = \pm 1$. Die restlichen Orbits sind durch die vier offenen Intervalle $(-\infty, -1), (-1, 0), (0, 1)$ und $(1, \infty)$ mit der dem Vorzeichen von v im jeweiligen Intervall entsprechenden Orientierung gegeben. Die Intervalle $(-1, 0)$ und $(0, 1)$ sind so genannte **heterokline Orbits**, da sie je zwei verschiedene Gleichgewichtspunkte miteinander verbinden. In Abb. 2.1 ist das zugehörige Phasenportrait dargestellt. Neben der rein graphischen Methode hat man im vorliegendem Fall natürlich auch die Möglichkeit, eine Parametrisierung der Orbits durch analytische Lösungen der betreffenden GDG zu bestimmen.

Wir weisen noch darauf hin, dass so genannte **homokline Orbits** einen einzigen Gleichgewichtspunkt mit sich selbst verbinden (vgl. Abb. 2.2).

2.2 Stabilität von Gleichgewichtspunkten

Im Phasenportrait des vorigen Beispiels ist zu erkennen, dass die Nachbarorbits der Gleichgewichtspunkte $x_G^{2,3} = \pm 1$ im Sinne der Orientierung auf diese zulaufen, während sie von $x_G^1 = 0$ weglaufen. Derartige dynamische Stabilitäts- bzw. Instabilitätseigenschaften von Gleichgewichtspunkten sind im Hinblick auf Anwendungen genauso relevant wie ihre Existenz. In der Realität sind nämlich instabile Ruhelagen ohne Weiteres nicht zu beobachten.

Ein häufig verwendeter, mathematisch präziser Stabilitätsbegriff ist nach Lyapunov[1] benannt. Wir formulieren ihn in der folgenden Definition für Gleichgewichtspunkte. (Mit $\|\cdot\|$ bezeichnen wir irgendeine Norm des Vektorraums $\mathbb{R}^n$.)

Definition ((Asymptotische) Stabilität bzw. Instabilität von Gleichgewichtspunkten im Sinne von Lyapunov)

- Ein Gleichgewichtspunkt $x_G \in M$ der GDG (2.3), d. h. $v(x_G) = 0$, heißt **(Lyapunov-)stabil**, falls gilt: Für alle $\varepsilon > 0$ existiert ein $\delta > 0$, so dass

$$\|x_0 - x_G\| < \delta \implies \varphi(t; x_0) \text{ existiert und } \|\varphi(t; x_0) - x_G\| < \varepsilon \quad \text{für alle } t \geq 0 \,.$$

  Andernfalls heißt er **(Lyapunov-)instabil**.
- Der Gleichgewichtspunkt x_G heißt **asymptotisch stabil (im Sinne von Lyapunov)**, falls er Lyapunov-stabil ist und ein $b > 0$ existiert, so dass gilt:

$$\|x_0 - x_G\| < b \implies \lim_{t \to \infty} \|\varphi(t; x_0) - x_G\| = 0 \,.$$

[1] Alexander Michailovitsch Lyapunov (1857–1918); Charkov, St. Petersburg

Ein rein graphisches Vorgehen bei der Stabilitätsuntersuchung von Gleichgewichtspunkten analog zum vorigen Beispiel führt nur begrenzt zum Ziel, insbesondere wenn die Dimension n des Phasenraums relativ groß ist. Ein geeignetes algebraisches Hilfsmittel sind die Eigenwerte der **Jacobi[2]-Matrix** $Jv(x_G) = \left(\frac{\partial v_j}{\partial x_k}(x_G)\right)_{1\le j,k\le n}$ des Vektorfelds v an der Stelle x_G.

Satz (Lyapunovs indirekte Methode) *Das Vektorfeld v in* (2.3) *sei stetig differenzierbar, und $x_G \in M$ sei ein Gleichgewichtspunkt. Dann gilt:*

- $\operatorname{Re}\lambda < 0$ *für alle Eigenwerte λ von $Jv(x_G) \Longrightarrow x_G$ ist asymptotisch stabil*
- $\operatorname{Re}\lambda > 0$ *für (wenigstens) einen Eigenwert λ von $Jv(x_G) \Longrightarrow x_G$ ist instabil*

Im skalaren Fall sind diese Aussagen offensichtlich. Denn dann hat die betreffende Jacobi-Matrix nur ein Element, und dieses ist gleich dem einzigen Eigenwert $\lambda = v'(x_G)$. Somit impliziert $\operatorname{Re}\lambda \lesseqgtr 0$, dass für x hinreichend nahe bei x_G gilt: $\dot{x} = v(x) \gtreqless 0$ für $x < x_G$ und $\dot{x} = v(x) \lesseqgtr 0$ für $x > x_G$. Ein Beweis für den allgemeinen Fall findet sich im Anhang; vgl. auch Übungsaufgaben 4.12 und 4.13.

Der Gleichgewichtspunkt x_G heißt **hyperbolisch**, falls für alle Eigenwerte λ von $Jv(x_G)$ gilt: $\operatorname{Re}\lambda \neq 0$. Ein solcher Gleichgewichtspunkt ist also genau dann instabil, wenn er nicht asymptotisch stabil ist. Die jeweiligen Bedingungen des vorigen Satzes sind dann nicht nur hinreichend sondern auch notwendig. Andererseits ist Lyapunovs indirekte Methode nicht anwendbar, um einen Stabilitätsnachweis für **nicht-hyperbolische** Gleichgewichtspunkte zu erbringen. Dies zeigt das Beispiel der skalaren GDG $\dot{x} = ax^3, a \neq 0$. Der Gleichgewichtspunkt $x_G = 0$ ist hier asymptotisch stabil für $a < 0$ und instabil für $a > 0$, während die Jacobi-Matrix an der Stelle $x_G = 0$ in beiden Fällen die Null-Matrix ist. Dagegen ist die Anwendung von Lyapunovs direkter Methode zum Nachweis der Stabilität von Gleichgewichtspunkten auch im nicht-hyperbolischen Fall möglich. Diese Methode beschreiben wir im Folgenden.

Definition ((Strikte) Lyapunov-Funktion)

Sei $Q \subset M$ eine offene Umgebung des Gleichgewichtspunkts x_G von (2.3). Dann heißt eine C^1-Funktion $F : Q \to \mathbb{R}$ **Lyapunov-Funktion** bzw. **strikte Lyapunov-Funktion** zu x_G in Q, falls für $x \in Q$ gilt:

i) $F(x_G) = 0$
ii) $F(x) > 0, \quad x \neq x_G$
iii) $\dot{F}(x) := \langle \nabla F(x), v(x) \rangle \le 0$ bzw. $< 0 \ (x \neq x_G)$

[2] Carl Gustav Jacobi (1804–1851); Königsberg, Berlin

Satz (Lyapunovs direkte Methode) *Zum Gleichgewichtspunkt x_G von (2.3) existiere in einer offenen Umgebung Q eine (strikte) Lyapunov-Funktion. Dann ist x_G (asymptotisch) stabil.*

► **Bemerkung** $\dot{F}(x)$ bezeichnet die Richtungsableitung der Funktion F in Richtung $v(x)$ im Punkt x und somit, nach der Kettenregel, die Ableitung von $F(\varphi(t;x))$ nach t an der Stelle $t = 0$. Die Eigenschaft iii) hat daher zur Folge, dass der Wert von F längs der Lösungen von (2.3) in $Q \setminus \{x_G\}$ nicht zunimmt bzw. streng monoton abnimmt. Dies macht die Aussage des Satzes plausibel. Ein strenger Beweis wird im Anhang geliefert. Zum Beweis der asymptotischen Stabilität benutzen wir dort lediglich die Eigenschaft, dass $F : Q \to \mathbb{R}$ eine (nicht notwendig strikte) Lyapunov-Funktion ist, welche innerhalb von Q längs keiner Lösung $\varphi(t;x_0)$ von (2.3) mit $x_0 \in Q \setminus \{x_G\}$ für $t \geq 0$ konstant ist (vgl. Übungsaufgaben 2.13 c) und 2.14). Die Bedeutung von Lyapunovs direkter Methode beruht darauf, eine (strikte) Lyapunov-Funktion zu finden, ohne die betreffende GDG zu lösen. Eine mögliche Wahl für Lyapunov-Funktionen sind Erhaltungsgrößen bzgl. (2.3) (**erste Integrale**) F, die längs sämtlicher Lösungen konstant sind, d. h. $\dot{F}(x) = 0$ für alle $x \in Q$. Im Fall physikalischer Modellgleichungen sind die Gesamtenergie (**konservative Systeme von GDGn**) oder die Komponenten des Gesamtimpulses bzw. des Gesamtdrehimpulses typische Beispiele (vgl. Übungsaufgabe 2.3).

Kennt man für die GDG (2.3) $n - 1$ erste Integrale, die außerhalb der Gleichgewichtspunkte funktional unabhängig sind, dann lassen sich dort sämtliche Orbits als Schnittkurven von $n - 1$ Niveauflächen dieser ersten Integrale darstellen und lokal durch jeweils eine der abhängigen Variablen parametrisieren. In diesem Fall ist die GDG (2.3) elementar (analytisch) lösbar. Man spricht daher von einer **vollständig integrierbaren GDG**.

Es stellt sich nun die Frage, wie sich die eingeführten Stabilitätsbegriffe von Gleichgewichtspunkten auf andere Typen von Orbits Γ_{x^*} übertragen lassen. Auf den ersten Blick ist dies einfach zu erreichen, indem man in der Definition x_G vor dem Implikationspfeil durch x^* und dahinter durch $\varphi(t;x^*)$ ersetzt. Allerdings stellt sich heraus, dass Orbits, die keine Ruhelagen sind, im Sinne von Lyapunov in der Regel instabil sind. Der folgende Stabilitätsbegriff ist schwächer. Dabei ist die **Abstandsfunktion** eines Punktes x von einer Teilmenge $N \neq \emptyset$ des $\mathbb{R}^n$ wie folgt erklärt:

$$\operatorname{dist}(x, N) := \inf_{y \in N} \|x - y\|$$

Definition (Orbitale (asymptotische) Stabilität bzw. Instabilität)

- Ein Orbit Γ_{x^*} der GDG (2.3) heißt **orbital stabil** falls gilt: Für alle $\varepsilon > 0$ existiert ein $\delta > 0$, so dass

  $$\|x_0 - x^*\| < \delta \implies \varphi(t;x_0) \text{ existiert und } \operatorname{dist}(\varphi(t;x_0), \Gamma_{x^*}) < \varepsilon \text{ für alle } t \geq 0.$$

  Andernfalls heißt er **orbital instabil**.

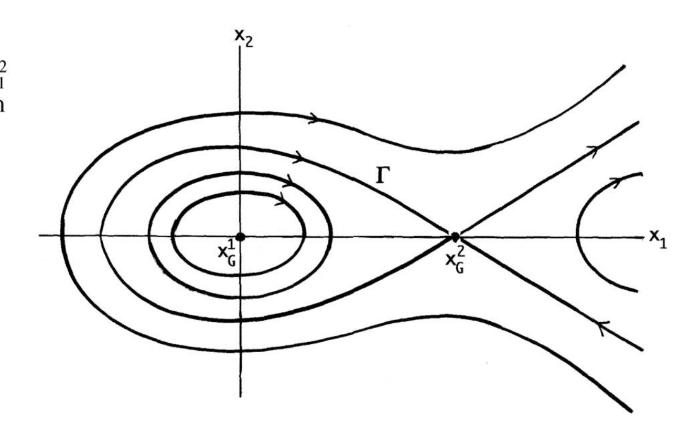

Abb. 2.2 Phasenportrait zur GDG $\dot{x}_1 = x_2, \dot{x}_2 = -x_1 + x_1^2$ $(x = (x_1, x_2)^T \in \mathbb{R}^2)$ mit dem stabilen und dem instabilen Gleichgewichtspunkt $x_G^1 = (0,0)^T$ bzw. $x_G^2 = (1,0)^T$, dem bzgl. x_G^2 homoklinen Orbit Γ und orbital stabilen periodischen Orbits, welche x_G^1 umschließen

- Der Orbit Γ_{x^*} heißt **orbital asymptotisch stabil**, falls er orbital stabil ist und ein $b > 0$ existiert, so dass gilt:

$$\|x_0 - x^*\| < b \implies \lim_{t\to\infty} \operatorname{dist}(\varphi(t; x_0), \Gamma_{x^*}) = 0\,.$$

Im Fall eines Gleichgewichtspunkts x_G sind diese Begriffe äquivalent zu den entsprechenden im Sinne von Lyapunov, weshalb man in diesem Fall auf den Zusatz „orbital" bzw. „Lyapunov-" verzichten kann. Die Äquivalenz soll in der Übungsaufgabe 2.15 a) bestätigt werden. Generell kann ein Orbit Γ_{x^*} jedoch orbital (asymptotisch) stabil sein, obwohl ein $\varepsilon > 0$ existiert, so dass für alle $\delta > 0$ ein $x_0 \in M$ und ein $t \geq 0$ existieren mit $\|x_0 - x^*\| < \delta$ sowie $\|\varphi(t; x_0) - \varphi(t; x^*)\| \geq \varepsilon$ (siehe Übungsaufgabe 2.15 b)).

Beispiel (Nichtlinearer Oszillator; $t \in \mathbb{R}$, $x^T = (x_1, x_2)^T \in \mathbb{R}^2$)

$$\dot{x}_1 = x_2$$
$$\dot{x}_2 = -x_1 + x_1^2$$

Der Phasenraum ist hier $M = \mathbb{R}^2$. Das Vektorfeld

$$v(x) = \begin{pmatrix} x_2 \\ -x_1 + x_1^2 \end{pmatrix}$$

ist komponentenweise polynomial und daher stetig differenzierbar. Die Gleichgewichtspunkte $x_G^1 = 0$ und $x_G^2 = (1,0)^T$ sind durch Nullstellen von $v(x)$ gegeben. Die Eigenwerte der Jacobi-Matrizen $Jv(x_G^1)$ und $Jv(x_G^2)$ sind $\lambda_{1,2} = \pm i$ bzw. $\lambda_{1,2} = \pm 1$. Mittels Lyapunovs indirekter Methode findet man also, dass x_G^2 instabil ist. Indem man die beiden Komponenten der gegebenen GDG mit x_1 bzw. $\dot{x}_1 = x_2$ multipliziert und die resultierenden Gleichungen addiert, ergibt sich

$$\dot{x}_1 x_1 + \dot{x}_2 x_2 = x_1^2 \dot{x}_1 \iff \frac{d}{dt}\left(\frac{1}{2}x_1^2 + \frac{1}{2}x_2^2 - \frac{1}{3}x_1^3\right) = 0\,.$$

Daher ist beispielsweise die Funktion

$$F : \mathbb{R}^2 \to \mathbb{R}\,; \quad x \mapsto F(x) = x_1^2 + x_2^2 - \frac{2}{3}x_1^3$$

ein erstes Integral. Da diese Funktion bei $x = x_G^1 = 0$ ein striktes lokales Minimum besitzt, ist sie zugleich eine Lyapunov-Funktion zu diesem Gleichgewichtspunkt in einer hinreichend kleinen offenen Umgebung Q von x_G^1, d. h. x_G^1 ist stabil. Außerhalb von $x = x_G^1$ und x_G^2 sind sämtliche Orbits durch die Niveaulinien $F(x) = C$, $C \in \mathbb{R}$, gegeben. Insbesondere findet man so für $0 < C < \frac{1}{3}$ eine Schar periodischer Orbits, welche $x_G^1 = 0$ umschließen. Diese variieren stetig mit C und sind daher alle orbital stabil. Für $C = \frac{1}{3}$ findet man einen homoklinen Orbit Γ, der den Gleichgewichtspunkt x_G^2 mit sich selbst verbindet. Alle anderen Orbits sind unbeschränkt. In Abb. 2.2 ist eine schematische Darstellung des zugehörigen Phasenportraits zu sehen.

2.3 Orbitgleichung

Es liegt nahe, zur Parametrisierung der Orbits der GDG in (2.3) anstelle von t eine der abhängigen Variablen x_i als Parameter zu verwenden. Dies hat den Vorteil, dass die entsprechende Parametrisierung durch eine GDG erster Ordnung mit einer reduzierten Anzahl abhängiger Variablen bestimmt ist. Obgleich die reduzierte GDG im Allgemeinen nicht-autonom ist, kann man sie gewinnbringend nutzen.

Im Folgenden betrachten wir die GDG (2.3) in komponentenweiser Darstellung außerhalb von den Gleichgewichtspunkten in M.

Lemma (Orbitgleichung) *Sei $v : M \to \mathbb{R}^n$ ein C^1-Vektorfeld und $x_0 = (x_{01}, \dots, x_{0n})^T \in M$ mit $v_i(x_0) \neq 0$ für ein $i \in \{1, \dots, n\}$, d. h. x_0 ist kein Gleichgewichtspunkt. Dann ist $x_j = \varphi_j(t; x_0)$ genau dann Lösung von*

$$\begin{aligned} \dot{x}_j &= v_j(x_1, \dots, x_n), \quad j = 1, \dots, n \\ x_j(0) &= x_{0j} \end{aligned}$$

für $|t|$ hinreichend klein, wenn $x_j = \tilde{\varphi}_j(x_i; x_0) := \varphi_j(\varphi_i^{-1}(x_i; x_0); x_0)$ die ***Orbitgleichung*** *mit der unabhängigen Variablen x_i, $|x_i - x_{0i}|$ hinreichend klein,*

$$\frac{dx_j}{dx_i} = \frac{v_j(x_1, \dots, x_n)}{v_i(x_1, \dots, x_n)}, \quad j \neq i \tag{2.5}$$

löst sowie die Anfangsbedingung $x_j(x_{0i}) = x_{0j}$ erfüllt ist. Hierbei existiert die Umkehrfunktion $t = \varphi_i^{-1}(x_i; x_0)$ von $\varphi_i(t; x_0)$ wegen $\frac{d\varphi_i}{dt}(0; x_0) = v_i(x_0) \neq 0$. Sie ist stetig differenzierbar, und zudem löst $x_i = \varphi_i(t; x_0)$ das AWP

$$\begin{aligned} \dot{x}_i &= v_i(\tilde{\varphi}_1(x_i; x_0), \dots, x_i, \dots, \tilde{\varphi}_n(x_i; x_0)) \\ x_i(0) &= x_{0i}\,. \end{aligned}$$

Beweisskizze Direktes Nachrechnen unter Verwendung des *Satzes über die Umkehrfunktion* bzw. des *Satzes über implizite Funktionen.* □

Folgerung *Jeder Orbit Γ_{x^*} von (2.3), der kein Gleichgewichtspunkt ist, lässt sich also abschnittsweise (lokal) durch eine der abhängigen Variablen x_i parametrisieren, indem man $t = \varphi_i^{-1}(x_i; x_0)$ substituiert in der entsprechenden Lösungsfunktion $x = \varphi(t; x_0)$, $x_0 \in \Gamma_{x^*}$. Die resultierende lokale Parametrisierung in einer Umgebung von x_0 kann insbesondere als Lösung der Orbitgleichung (2.5) gewonnen werden. Dies stellt einen Zusammenhang her zwischen den Orbits der autonomen GDG (2.3) und den Integralkurven der nicht-autonomen Orbitgleichung (2.5). Ausgehend von einer derartigen Parametrisierung lässt sich umgekehrt mittels der Lösung $x_i = \varphi_i(t; x_0)$ des AWPs am Ende des Lemmas, die Lösungsfunktion $x = \varphi(t; x_0)$ der GDG (2.3) lokal rekonstruieren.*

Die **Methode der Orbitgleichung** ist besonders effizient, wenn die GDG (2.3) ein direktes Produkt skalarer GDGn ist.

Definition (Direktes Produkt von GDGn)

Unter dem **direkten Produkt** der m GDGn ($m \in \mathbb{N}; n_k \in \mathbb{N}$)

$$\dot{x}_k = v_k(x_k), \quad x_k \in M_k \subset \mathbb{R}^{n_k}, \quad k = 1, \dots, m \tag{2.6}$$

versteht man die GDG (2.3), wobei der Phasenraum die Produktmenge $M = \prod_{k=1}^m M_k \subset \prod_{k=1}^m \mathbb{R}^{n_k} \simeq \mathbb{R}^n, n = \sum_{k=1}^m n_k$, ist, und das Vektorfeld

$$v(x) = (v_1(x_1), \dots, v_m(x_m)), \quad x = (x_1, \dots, x_m) \in M$$

das **Produkt der Vektorfelder** v_k ist.

Sind alle GDGn in (2.6) skalar, d. h. $n_k = 1$ für alle k, dann kann man die zugehörige Orbitgleichung mittels der Methode der Trennung der Variablen komponentenweise elementar lösen.

Beispiele

- Wir bestimmen die Orbits des direkten Produkts der skalaren linearen GDGn

$$\dot{x}_j = \lambda_j x_j, \quad x_j \in \mathbb{R}, \quad j = 1, 2$$

in Abhängigkeit von den Parametern $\lambda_1, \lambda_2 \in \mathbb{R}$; es sei $\lambda_1\lambda_2 \neq 0$, $\lambda_1 \leq \lambda_2$. Dann ist offenbar $x_1 = x_2 = 0$ der einzige Gleichgewichtspunkt. Die Systemmatrix $\operatorname{diag}(\lambda_1, \lambda_2) \in \mathbb{R}^{(2,2)}$ ist die Jacobi-Matrix des Vektorfelds $(\lambda_1 x_1, \lambda_2 x_2)^T$ in diesem Punkt. Sie hat die Eigenwerte λ_1 und λ_2. Gemäß Lyapunovs indirekter Methode ist jeder Gleichgewichtspunkt daher asymptotisch stabil, falls $\lambda_2 < 0$, und instabil, falls $\lambda_2 > 0$ gilt. Die Orbitgleichung für die anderen Orbits lautet

$$\frac{dx_2}{dx_1} = \frac{\lambda_2}{\lambda_1}\frac{x_2}{x_1}, \quad x_1 \neq 0 \qquad \text{bzw.}$$
$$\frac{dx_1}{dx_2} = \frac{\lambda_1}{\lambda_2}\frac{x_1}{x_2}, \quad x_2 \neq 0.$$

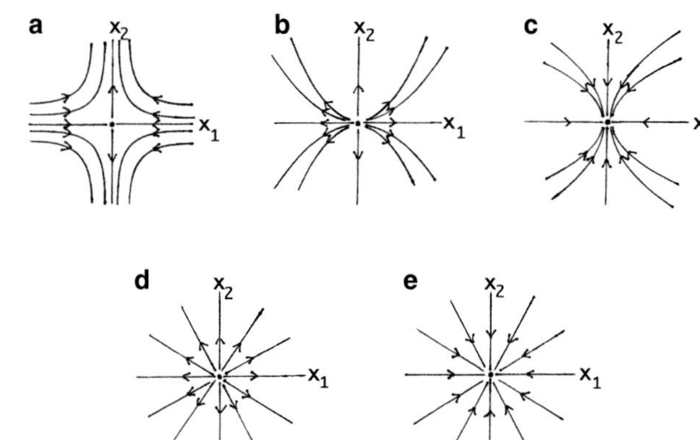

Abb. 2.3 Phasenportrait zur GDG $\dot{x} = \operatorname{diag}(\lambda_1, \lambda_2)x$ ($\lambda_1, \lambda_2 \in \mathbb{R}, x \in \mathbb{R}^2$) und Klassifikation des Gleichgewichtspunktes bei $x = 0$: **a** Sattelpunkt ($\lambda_1 < 0, \lambda_2 > 0$), **b** instabiler Knoten 2. Art ($0 < \lambda_1 < \lambda_2$), **c** stabiler Knoten 2. Art ($\lambda_1 < \lambda_2 < 0$), **d** instabiler Knoten 1. Art ($0 < \lambda_1 = \lambda_2$), **e** stabiler Knoten 1. Art ($\lambda_1 = \lambda_2 < 0$)

Danach sind die positiven und negativen Koordinatenachsen in der (x_1, x_2)-Phasenebene jeweils Orbits, da $x_2 = \tilde{\varphi}_2(x_1) \equiv 0$, $x_1 \gtrless 0$, bzw. $x_1 = \tilde{\varphi}_1(x_2) \equiv 0$, $x_2 \gtrless 0$, Lösungen sind. (Im vorliegenden Fall hätte man dies ebenso leicht der ursprünglichen GDG entnehmen können.) Die restlichen Orbits liegen also strikt außerhalb der Koordinatenachsen. Daher reicht es, zu ihrer Bestimmung eine der obigen Versionen der Orbitgleichung heranzuziehen. Wir wählen die erste und finden mittels der Methode der Trennung der Variablen die Lösungen ($x_{01}, x_{02} \in \mathbb{R}$ mit $x_{01}x_{02} \neq 0$ beliebig)

$$x_2 = \tilde{\varphi}_2(x_1) = x_{02}\left(\frac{x_1}{x_{01}}\right)^{\frac{\lambda_2}{\lambda_1}}, \quad x_1 \gtrless 0\,.$$

Dies sind Hyperbelfunktionen für $\lambda_1\lambda_2 < 0$ und Parabelfunktionen für $\lambda_1\lambda_2 > 0, \lambda_1 \neq \lambda_2$; in Abb. 2.3 sind die entsprechenden Phasenportraits schematisch skizziert. Dem geometrischen Verlauf der Orbits entsprechend nennt man den Gleichgewichtspunkt $x_1 = x_2 = 0$ im ersten Fall einen **Sattelpunkt** und im zweiten Fall einen **instabilen** bzw. **stabilen Knoten 2. Art**, (auch **Quelle** bzw. **Senke**), je nachdem ob $\lambda_2 > 0$ oder $\lambda_2 < 0$ gilt. Im Fall $\lambda_1 = \lambda_2$ ist dieser Gleichgewichtspunkt ein so genannter **instabiler** bzw. **stabiler Knoten 1. Art**. Die anderen Orbits sind hier Halbgeraden, welche vom Ursprung weg- bzw. auf ihn zulaufen. Ein Beispiel für einen **Knoten 3. Art** findet man in Übungsaufgabe 2.2 b).

- Analog findet man das Phasenportrait für die folgende lineare GDG im $\mathbb{R}^3$ (siehe Abb. 2.4)

$$\begin{aligned}\dot{x}_1 &= x_1\\ \dot{x}_2 &= x_2\,, \quad x^T = (x_1, x_2, x_3)^T \in \mathbb{R}^3\,.\\ \dot{x}_3 &= -x_3\end{aligned}$$

Dabei entspricht die orthogonale Projektion auf eine der drei Koordinatenebenen jeweils einem der in Abb. 2.3 skizzierten Phasenportraits. Der Gleichgewichtspunkt $x = 0$ ist hier instabil.

- Im nächsten Beispiel führt die Methode der Orbitgleichung zum Ziel, obwohl kein direktes Produkt von GDGn vorliegt:

$$\begin{aligned}\dot{x}_1 &= \omega x_2\\ \dot{x}_2 &= -\omega x_1\end{aligned}\,, \quad (x_1, x_2)^T \in \mathbb{R}^2$$

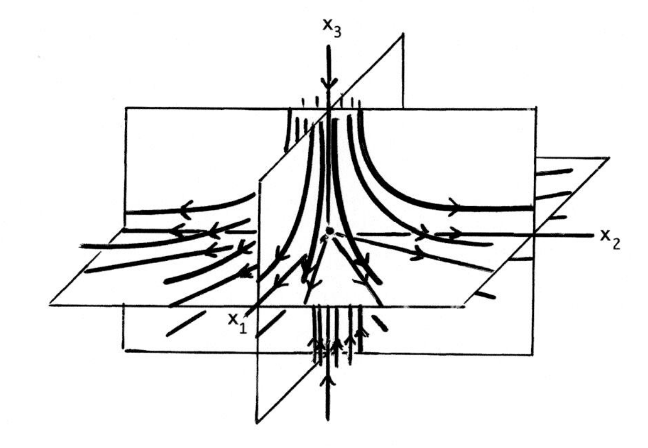

Abb. 2.4 Phasenportrait zur GDG $\dot{x}_1 = x_1, \dot{x}_2 = x_2, \dot{x}_3 = -x_3$ $(x_1, x_2, x_3 \in \mathbb{R})$ mit dem instabilen, hyperbolischen Gleichgewichtspunkt bei $x_1 = x_2 = x_3 = 0$

Auch diese GDG ist linear. Hierbei sei $\omega > 0$ ein reeller Parameter. Der einzige Gleichgewichtspunkt $x_1 = x_2 = 0$ ist hier ein so genanntes **Zentrum (Wirbel)**. Es ist stabil. Die anderen Orbits sind periodisch und durch die konzentrischen Kreise $x_1^2 + x_2^2 = r^2$, $r > 0$, in der (x_1, x_2)-Phasenebene gegeben (vgl. Abb. 2.5). Offenbar stellen die Lösungen $x_2 = \tilde{\varphi}_2(x_1; r) = \pm\sqrt{r^2 - x_1^2}$, $-r < x_1 < r$, und $x_1 = \tilde{\varphi}_1(x_2; r) = \pm\sqrt{r^2 - x_2^2}$, $-r < x_2 < r$ der Orbitgleichung

$$\frac{dx_2}{dx_1} = -\frac{x_1}{x_2}, \quad x_2 \neq 0 \qquad \text{bzw.}$$
$$\frac{dx_1}{dx_2} = -\frac{x_2}{x_1}, \quad x_1 \neq 0$$

Parametrisierungen jener periodischen Orbits in der oberen und unteren bzw. rechten und linken (x_1, x_2)-Halbebene dar. Um die Perioden zu bestimmen, betrachten wir die GDG

$$\dot{x}_1 = \omega\tilde{\varphi}_2(x_1; r) = \pm\,\omega\sqrt{r^2 - x_1^2}, \qquad -r < x_1 < r\,.$$

Trennung der Variablen liefert

$$\int_{-r}^{r} \frac{dx_1}{\sqrt{r^2 - x_1^2}} = \pm\,\omega \int_0^{T_\pm} dt\,,$$

und somit $|T_\pm| = \frac{\pi}{\omega}$ für alle $r > 0$. Also haben alle periodischen Orbits dieselbe Periode $T = |T_+| + |T_-| = \frac{2\pi}{\omega}$.

2.4 Transformation von GDGn und Vektorfeldern (Koordinatenwechsel)

Das Schlüsselprinzip der mathematischen Behandlung von GDGn ist ihre Darstellung in einer Form, welche einen relativ bequemen Zugang mittels der verfügbaren Konzepte und Methoden erlaubt. Wir bleiben zunächst bei autonomen GDGn. Hier stellt sich beispielsweise die Frage nach Koordinaten im Phasenraum, bzgl. derer die GDG die Gestalt eines direkten Produkts hat, so dass sich die Methode der Orbitgleichung bequem anwenden lässt. Abstrakt lässt sich ein Koordinatenwechsel beschreiben durch einen Diffeomorphismus im Phasenraum und dessen Operation auf dem mit der GDG assoziierten Vektorfeld.

Definition (Operation von C^r-Diffeomorphismen auf Vektorfeldern, $1 \leq r \in \mathbb{N} \cup \{\infty\}$)
Seien $M, N \subset \mathbb{R}^n$ offen und $\Phi : M \to N$ ein **C^r-Diffeomorphismus**, d. h. eine bijektive Abbildung, die samt ihrer Umkehrabbildung Φ^{-1} r-fach bzw. im Fall $r = \infty$ beliebig oft stetig differenzierbar (C^r-glatt) ist. Dann versteht man unter dem **Bild des Vektorfeldes** $v : M \to \mathbb{R}^n$ unter (bzgl.) dem Diffeomorphismus Φ das Vektorfeld $\Phi_* v$, dessen Wert an der Stelle $\xi = \Phi(x) \in N$ sich aus dem Wert von v an der Stelle $x \in M$ folgendermaßen ergibt:

$$\begin{aligned} (\Phi_* v)(\Phi(x)) &= J\Phi(x)v(x) \\ \Longleftrightarrow \quad (\Phi_* v)(\xi) &= J\Phi(\Phi^{-1}(\xi))v(\Phi^{-1}(\xi)) \end{aligned} \tag{2.7}$$

Satz *Sei $\Phi : M \to N$ ein C^{r+1}-Diffeomorphismus, $0 \leq r \in \mathbb{N}_0 \cup \{\infty\} (\infty + 1 = \infty)$. Dann definiert* (2.7) *eine lineare Operation auf C^r-Vektorfeldern, d. h. die Abbildung*

$$\Phi : C^r(M, \mathbb{R}^n) \to C^r(N, \mathbb{R}^n); \quad v \mapsto \Phi_* v$$

ist wohl definiert und linear.

Beweisskizze Die Multiplikation von Vektoren mit einer Matrix ist eine lineare Operation, und die Abbildungen, welche in die Definition von $(\Phi_* v)$ eingehen, sind alle r-fach stetig differenzierbar. □

► **Bemerkung** Einen C^1-Diffeomorphismus nennt man in der Regel kurz **Diffeomorphismus**. Sind M und N Koordinatenbereiche in $\mathbb{R}^n$, dann definiert jeder Diffeomorphismus $\Phi : M \to N; \; x \mapsto \xi = \Phi(x)$ eine Koordinatentransformation von x- auf ξ-Koordinaten. Man beachte, dass die Jacobi-Matrix $J\Phi(x)$ für alle $x \in M$ regulär ist, und dass für einen Diffeomorphismus Φ gilt: $(J\Phi^{-1})(\Phi(x)) = (J\Phi)^{-1}(x)$.

Satz (Koordinatenwechsel bei GDGn der Form (2.3)) *Sei $\Phi : M \to N$ ein Diffeomorphismus. Dann ist die GDG $\dot{x} = v(x)$, $x \in M$, **äquivalent** zur GDG*

$$\dot{\xi} = (\Phi_* v)(\xi), \quad \xi = \Phi(x) \in N, \tag{2.3$\star$}$$

d. h. $\varphi : I \to M$ ist Lösung von (2.3) *genau dann, wenn $\tilde{\varphi} = \Phi \circ \varphi : I \to N$ Lösung von* (2.3$\star$) *ist.*

Beweis Da die Jacobi-Matrix $J\Phi(x)$ für alle $x \in M$ regulär ist, gilt:

$$\begin{aligned}
\dot{\varphi}(t) &= v(\varphi(t))\,, \quad t \in I \qquad \Longleftrightarrow \\
\frac{d}{dt}(\Phi \circ \varphi)(t) &= \frac{d}{dt}\Phi(\varphi(t)) = J\Phi(\varphi(t))\dot{\varphi}(t) = J\Phi(\varphi(t))v(\varphi(t)) \\
&= J\Phi\big(\Phi^{-1}((\Phi \circ \varphi)(t))\big)\, v\big(\Phi^{-1}((\Phi \circ \varphi)(t))\big) \\
&= (\Phi_* v)((\Phi \circ \varphi)(t))\,, \quad t \in I
\end{aligned}$$

□

Folgerung *Existiert die Fundamentallösung einer der beiden äquivalenten GDGn (2.3) und (2.3★), dann existiert auch die der anderen. Der Diffeomorphismus $\Phi : M \to N$ bildet dann einen Orbit Γ_{x^*}, $x^* \in M$, von (2.3) punktweise, umkehrbar eindeutig auf den Orbit $\Gamma_{\Phi(x^*)}$, $\Phi(x^*) \in N$, von (2.3★) ab. Dabei bleibt die Orientierung der Orbits erhalten. Gleichgewichtspunkte gehen über in Gleichgewichtspunkte, periodische Orbits in periodische Orbits mit derselben Periode, und auch Orbits jedes sonstigen Typs in Orbits des gleichen Typs. Aufgrund der Orientierungserhaltung ändern sich die Stabilitätseigenschaften der Orbits nicht. In anderen Worten: Die Phasenportraits der GDGn (2.3) und (2.3★) sind dann in dem Sinne äquivalent, dass sie* ***bis auf einen Diffeomorphismus (qualitativ) gleich*** *sind (vgl. Übungsaufgabe 2.5).*

Der eingeführte Äquivalenzbegriff eignet sich insbesondere zur Klassifikation von GDGn, die sich durch einen entsprechenden Koordinatenwechsel aus einer elementar lösbaren ergeben. Vom qualitativen Standpunkt aus reicht es sogar zu wissen, dass ein solcher Koordinatenwechsel bzw. ein entsprechender Diffeomorphismus des Phasenraums existiert. Dieser muss nicht notwendigerweise explizit gegeben sein, um wichtige Erkenntnisse über das Lösungsverhalten der betreffenden GDG gewinnen zu können. Dies schließt Fragen zur Existenz, Eindeutigkeit und stetigen Abhängigkeit der Lösungen von den Anfangsdaten ebenso ein, wie die Suche nach speziellen Typen von Orbits inklusive deren Stabilitätseigenschaften.

Beispiele (Klassifikation ebener linearer GDGn der Form (2.3))
Im ersten der Beispiele zuvor haben wir das direkte Produkt $\dot{x} = \mathrm{diag}(\lambda_1, \lambda_2)x = v(x)$, $x \in \mathbb{R}^2$, zweier linearer GDGn studiert und die Orbits in Abhängigkeit von den Eigenwerten λ_1 und λ_2 der Diagonalmatrix $\mathrm{diag}(\lambda_1, \lambda_2)$ untersucht. Wir betrachten nun den linearen Diffeomorphismus

$$\Phi : \mathbb{R}^2 \to \mathbb{R}^2; \quad \xi = \Phi(x) := Tx\,,$$

wobei die Matrix $T \in \mathbb{R}^{(2,2)}$ regulär sei. Nach der unteren Formel in (2.7) ist das Bild des Vektorfelds v bzgl. dieser Transformation

$$(\Phi_* v)(\xi) = T\,\mathrm{diag}(\lambda_1, \lambda_2)T^{-1}\xi\,.$$

Somit lautet die obige GDG in den ξ-Koordinaten

$$\dot{\xi} = A\xi\,, \quad \xi \in \mathbb{R}^2$$

mit $A = T \operatorname{diag}(\lambda_1, \lambda_2)T^{-1} \in \mathbb{R}^{(2,2)}$. Dies führt auf eine Klassifikation ebener linearer GDGn, in Abhängigkeit von den Eigenwerten λ_1 und λ_2 der Systemmatrix A. Im vorliegenden Fall stimmt das Phasenportrait bis auf eine lineare Transformation mit demjenigen in Abb. 2.3 für die entsprechenden Werte von λ_1 und λ_2 überein. Die dortigen Bezeichnungen für den Gleichgewichtspunkt $x = 0$ gelten entsprechend für $\xi = 0$.

Offenbar ist $\operatorname{diag}(\lambda_1, \lambda_2)$ hier die Jordan[3]-Normalform der Matrix A, und T ist die zugehörige Transformationsmatrix. Wie man Letztere zu einer gegebenen Matrix A explizit bestimmt, ist aus der Linearen Algebra bekannt. Insbesondere ergibt sich aus der elementar konstruierbaren Fundamentallösung $x = \varphi(t - t_0; x_0)$ der GDG $\dot{x} = \operatorname{diag}(\lambda_1, \lambda_2)x$ die Existenz und folgende Darstellung der Fundamentallösung der GDG $\dot{\xi} = A\xi$:

$$\xi = T\varphi(t - t_0; T^{-1}\xi_0), \quad (t_0, \xi_0) \in \mathbb{R}^2, \quad t \in \mathbb{R}$$

Dies gilt analog im Fall jeder anderen Art von reellen Eigenwerten der Systemmatrix $A \in \mathbb{R}^{(2,2)}$. Besitzt A einen algebraisch doppelten und geometrisch einfachen reellen Eigenwert $\lambda_1 = \lambda_2 = \lambda \gtrless 0$, dann nennt man den Gleichgewichtspunkt $\xi = 0$ einen **instabilen** bzw. **stabilen Knoten 3. Art**.

Ebenso ist das Phasenportrait einer ebenen, linearen GDG bis auf eine lineare Transformation $\xi = Tx \in \mathbb{R}^2$ gleich dem der GDG

$$\begin{aligned} \dot{x}_1 &= \alpha x_1 - \omega x_2 \\ \dot{x}_2 &= \omega x_1 + \alpha x_2 \end{aligned}, \quad x^T = (x_1, x_2) \in \mathbb{R}^2$$

falls die Systemmatrix $A \in \mathbb{R}^{(2,2)}$ ein Paar komplex konjugierte Eigenwerte $\lambda_{1,2} = \alpha \pm i\omega$, $\omega > 0$, besitzt. Dabei ist die Systemmatrix der transformierten GDG die reelle Jordan-Normalform von A, und T die zugehörige Transformationsmatrix. Nach Lyapunovs indirekter Methode ist der einzige Gleichgewichtspunkt $\xi = 0$ bzw. $x = 0$ asymptotisch stabil, falls $\alpha < 0$, und instabil, falls $\alpha > 0$. Es wird sich zeigen, dass er für $\alpha = 0$ stabil ist. Zur Bestimmung der übrigen Orbits stellen wir uns vor, dass die (x_1, x_2)-Ebene längs der nicht-negativen bzw. nicht-positiven x_1-Achse aufgeschlitzt ist, und machen uns zu Nutzen, dass dort die obige GDG äquivalent ist zur GDG:

$$\begin{aligned} \dot{r} &= \alpha r \\ \dot{\theta} &= \omega \end{aligned}, \quad 0 < r < \infty, \quad 0 < \theta < 2\pi \quad \text{bzw.} \quad -\pi < \theta < \pi$$

Denn die Polarkoordinaten-Transformation

$$\begin{aligned} x_1 &= r\cos\theta \\ x_2 &= r\sin\theta \end{aligned}$$

stellt einen Diffeomorphismus Φ zwischen den angegebenen Bereichen der (r, θ)- und (x_1, x_2)-Ebene dar und führt gemäß der Formeln in (2.7) auf jene Darstellung der betrachteten GDG in Polarkoordinaten (r, θ). Diese ist ein direktes Produkt von GDGn. Die zugehörige Orbitgleichung bzgl. θ

$$\frac{dr}{d\theta} = \frac{\alpha}{\omega} r$$

[3] Camille Jordan (1838–1922); Paris

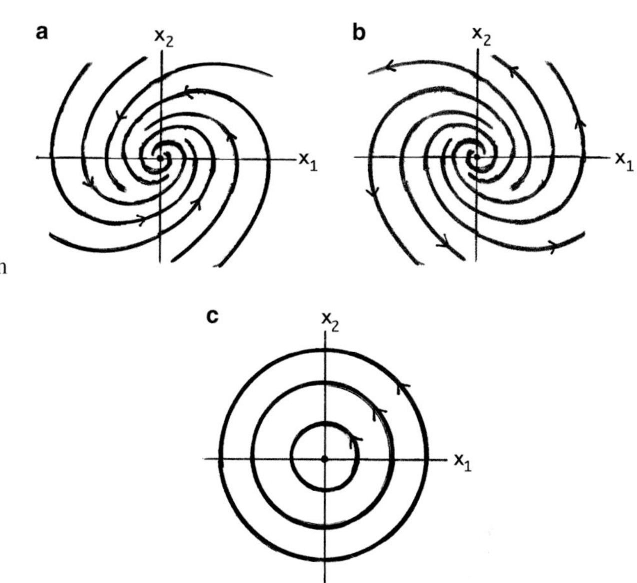

Abb. 2.5 Phasenportrait zur GDG $\dot{x}_1 = \alpha x_1 - \omega x_2$, $\dot{x}_2 = \omega x_1 + \alpha x_2$ ($\omega > 0$, $\alpha \in \mathbb{R}$, $x = (x_1, x_2)^T \in \mathbb{R}^2$) und Klassifikation des Gleichgewichtspunktes bei $x = 0$: **a** stabiler Strudel (Fokus) ($\alpha < 0$), **b** instabiler Strudel (Fokus) ($\alpha > 0$), **c** Zentrum (Wirbel) ($\alpha = 0$)

hat die Fundamentallösung

$$r(\theta; r_0, \theta_0) = r_0\, e^{\frac{\alpha}{\omega}(\theta - \theta_0)}\,, \qquad \theta \in \mathbb{R}\,,$$

mit Anfangsdaten $0 \leq r_0 < \infty$, $\theta_0 \in \mathbb{R}$. Dies liefert die folgende Parametrisierung der Orbits in den betrachteten Bereichen der (x_1, x_2)-Ebene:

$$\begin{aligned} x_1 &= r(\theta; r_0, \theta_0)\, \cos\theta \\ x_2 &= r(\theta; r_0, \theta_0)\, \sin\theta \end{aligned}\,, \quad r_0 > 0\,, \quad 0 < \theta - \theta_0 < 2\pi \text{ bzw. } -\pi < \theta - \theta_0 < \pi$$

Die Orbits verlaufen also für $\alpha \lessgtr 0$ spiralförmig auf den Ursprung zu bzw. von ihm weg und sind Kreise mit Mittelpunkt im Ursprung, also periodisch, für $\alpha = 0$. Der Gleichgewichtspunkt im Ursprung ist entsprechend ein **stabiler** bzw. **instabiler Strudel (Fokus)** für $\alpha \lessgtr 0$ und ein **Zentrum (Wirbel)** für $\alpha = 0$ (siehe Abb. 2.5). Wie man sieht, ist ein Zentrum stabil, aber nicht asymptotisch stabil. Lineare Transformationen verformen die kreisförmigen, periodischen Orbits in der Regel zu Ellipsen.

Zur Transformation nicht-autonomer GDGn der Form (2.1) benutzen wir den im Abschn. 2.1 erwähnten Trick und betrachten die zugeordnete autonome GDG (2.4) im erweiterten Phasenraum $U \subset \mathbb{R} \times \mathbb{R}^n$. Der spezifischen Struktur der τ-Komponente des erweiterten Vektorfelds $\tilde{v}$ tragen wir folgendermaßen Rechnung: Wir schränken die zugelassenen Diffeomorphismen (Koordinatenwechsel) auf die Klasse derjenigen ein, bei welchen die τ-Komponente gleich der Identität ist:

$$\tilde{\Phi} : U \to \tilde{\Phi}(U) = V \subset \mathbb{R} \times \mathbb{R}^n\,; \quad (\tau, x) \mapsto (\tau, \xi) = (\tau, \Phi(\tau, x))$$

Offensichtlich ist $\tilde{\Phi}$ ein C^r-Diffeomorphismus ($r \geq 1$) genau dann, wenn Φ eine C^r-Abbildung ist und $\Phi(\tau, \cdot)$ für die entsprechenden Werte von τ ein C^r-Diffeomorphismus von $U \cap \{\tau\} \times \mathbb{R}^n$ auf $V \cap \{\tau\} \times \mathbb{R}^n$ ist. Das Bild des Vektorfeldes $\tilde{v}$ unter einem solchen Diffeomorphismus ist das Vektorfeld $\tilde{\Phi}_* \tilde{v}$, dessen Wert an der Stelle $(\tau, \xi) \in V$ sich aus dem Wert von $\tilde{v}$ an der Stelle $(\tau, x) \in U$ gemäß der Formeln in (2.7) ergibt. Die ξ-Komponente von $\tilde{\Phi}_* \tilde{v}$ stellt dann die rechte Seite der nicht-autonomen GDG in transformierter Form dar. Letztere lautet somit ($(t, \xi) \in V$):

$$\dot{\xi} = \Big(\frac{\partial}{\partial t}\Phi\Big)(t, \Phi(t, \cdot)^{-1}(\xi)) + J_x\Phi(t, \Phi(t, \cdot)^{-1}(\xi))\, \Psi(t, \Phi(t, \cdot)^{-1}(\xi)) \tag{2.1$\star$}$$

Nach dem Satz [Koordinatenwechsel bei GDGn der Form (2.3)] sind die nicht-autonomen GDGn (2.1) und (2.1$\star$) in dem Sinne äquivalent, dass ihre Integralkurven in den erweiterten Phasenräumen bis auf den Diffeomorphismus $\tilde{\Phi}$ übereinstimmen. Selbstverständlich kann man die GDG (2.1) auch direkt auf die Gestalt der GDG (2.1$\star$) transformieren, ohne jenen Trick zu verwenden.

2.5 Konzept des Phasenflusses

Das Konzept des Phasenflusses ist eine mathematische Formalisierung der Fundamentallösung $\varphi(t; x_0)$ einer autonomen GDG der Form (2.3). In diesem Abschnitt führen wir dieses Konzept ein. Die spezielle Abhängigkeit der Fundamentallösung $\varphi(t - t_0; x_0)$ von t und t_0 im autonomen Fall hat neben den bereits erwähnten Konsequenzen eine weitere, die im folgenden Lemma formuliert ist. Dazu nehmen wir an, dass die Fundamentallösung $\varphi(t; x_0)$ überall auf $\mathbb{R} \times M$, d. h. global bzgl. t, definiert ist. Neben Bedingungen für die lokale Existenz und für die Glattheit der Fundamentallösung werden wir in Kap. 3 auch Bedingungen für die globale Existenz bereitstellen (Satz [Picard-Lindelöf, globale Version]). Die stetige Differenzierbarkeit des Vektorfelds v ist hierfür nicht hinreichend.

Lemma (Flusseigenschaften der Fundamentallösung) *Die Abbildung $\varphi : \mathbb{R} \times M \to M$ sei stetig differenzierbar und stelle die Fundamentallösung der GDG* (2.3) *dar. Dann ist die Abbildung (**Zeit-t-Abbildung**)*

$$g^t : M \to M\,; \quad x \mapsto g^t x = \varphi(t; x)$$

*für jedes $t \in \mathbb{R}$ ein Diffeomorphismus. Ferner bildet die Menge $\{g^t\}_{t \in \mathbb{R}}$ eine kommutative, **ein-parametrige Diffeomorphismengruppe** mit der Abbildungskomposition „$\circ$" als Verknüpfung. Es sind die **Flusseigenschaften** (Gruppenaxiome)*

i) $g^0 = \mathrm{id}$ *(Identität)*
ii) $(g^t)^{-1} = g^{-t}$
iii) $g^t \circ g^s = g^{t+s} = g^s \circ g^t$

sowie die zusätzliche Eigenschaft, dass $g^t x$ in beiden Argumenten stetig differenzierbar ist, erfüllt ($s, t \in \mathbb{R}$ und $x \in M$). Diese ein-parametrige Diffeomorphismengruppe heißt ***Phasenfluss der GDG*** (2.3), *wobei v das zugehörige* ***Phasengeschwindigkeitsfeld*** *ist.*

Beweis Wir beweisen zunächst die Flusseigenschaften. Dazu seien $x \in M$ und $s, t \in \mathbb{R}$ beliebig gewählt. Nach Definition gilt $g^0 x = \varphi(0, x) = x$ und somit $g^0 = id$, also i).

Aufgrund des Lemmas [Struktur der Fundamentallösung im autonomen Fall] gilt $(g^t \circ g^s)x = g^t(g^s x) = \varphi(t; \varphi(s; x)) = \varphi(t + s; x) = g^{t+s} x = g^{s+t} x = (g^s \circ g^t)x$, also iii).

Um ii) zu beweisen, setzen wir $s = -t$ in iii) und erhalten $g^t \circ g^{-t} = id = g^{-t} \circ g^t$. Also ist die Abbildung g^t bijektiv und für die Umkehrabbildung gilt ii).

Die behauptete C^1-Glattheit von $g^t x$ folgt aus der von $\varphi(t; x)$. Somit ist g^t ein Diffeomorphismus. □

► **Bemerkung** Falls die Fundamentallösung $\varphi(t; x_0)$ nicht global existiert, gelten die Aussagen des Lemmas für alle $s, t \in \mathbb{R}$ und $x \in M$, für welche sie trotz der eingeschränkten Definitionsbereiche der Abbildungen g^t Sinn machen.

Definition (Phasenfluss)

Allgemein nennen wir eine (kommutative) ein-parametrige Gruppe $\{g^t\}_{t \in \mathbb{R}}$ von bijektiven Abbildungen (Transformationen) $g^t : M \to M$, $M \subset \mathbb{R}^n$ offen, welche die obigen Flusseigenschaften i) - iii) besitzen, einen **Phasenfluss mit Phasenraum M**. Wenn wir auf einen festen Punkt $x^* \in M$ alle Transformationen g^t anwenden, dann erhalten wir den **Orbit** $\Gamma_{x^*} = \{g^t x^* | t \in \mathbb{R}\} \subset M$ durch x^* bzgl. des gegebenen Phasenflusses. Die Funktion $\varphi(t; x^*) = g^t x^*$, $t \in \mathbb{R}$, heißt **Bewegung des Punktes $x^* \in M$** unter diesem Phasenfluss. Die Richtung der Bewegung im Sinne wachsender Werte von t legt die Orientierung von Γ_{x^*} fest. Falls $g^t x$ bzgl. t bei $t = 0$ differenzierbar ist, dann ist durch

$$v(x) = \frac{\partial}{\partial t}\Big|_{t=0} g^t x$$

die **Phasengeschwindigkeit des Flusses** $\{g^t\}_{t \in \mathbb{R}}$ im Punkt $x \in M$ gegeben. Das dadurch definierte Vektorfeld $v(x)$ ist das zugehörige **Phasengeschwindigkeitsfeld** auf dem Phasenraum M. Physikalisch kann man sich den Phasenraum mit einer Flüssigkeit gefüllt denken, wobei sich zu einem beliebigen Zeitpunkt t das sich am Ort x befindende Flüssigkeitsteilchen mit der Geschwindigkeit $v(x)$ bewegt.

► **Bemerkung** Wie im Fall autonomer GDGn der Form (2.3) geht durch jeden Punkt x^* des Phasenraums M eines allgemeinen Phasenflusses genau ein Orbit. Denn $g^{t_1} x^* = g^{t_2} y^*$

für $t_1, t_2 \in \mathbb{R}$ und $x^*, y^* \in M$ impliziert $y^* = g^{t_2-t_1}x^*$ und somit $g^t y^* = g^t(g^{t_2-t_1}x^*) = g^{t+t_2-t_1}x^*$ für alle $t \in \mathbb{R}$, d. h. $\Gamma_{x^*} = \Gamma_{y^*}$.

Ferner existieren auch hier genau drei grundlegende Typen von Orbits. Für einen Punkt $x^* \in M$ gibt es drei Möglichkeiten. Entweder es gilt $g^\alpha x^* = x^*$ für beliebig kleine $\alpha > 0$. Dann folgt $x^* = g^{k\alpha}x^*$ für alle $k \in \mathbb{Z}$ und somit $x^* = g^t x^*$ für alle $t \in \mathbb{R}$, d. h. der Punkt $x^* = x_G$ ist ein Gleichgewichtspunkt (Ruhelage) bzgl. des Flusses $\{g^t\}_{t\in\mathbb{R}}$. Oder es existiert ein minimales $\alpha = T > 0$, so dass $g^T x^* = x^*$. Dies impliziert $g^{t+T}x^* = g^t x^*$ für alle $t \in \mathbb{R}$, d. h. der Punkt $x^* = x_p$ ist ein T-periodischer Punkt und Γ_{x_p} ein T-periodischer Orbit in M. Schließlich bleibt noch der Fall, dass $g^\alpha x^* \neq x^*$ für alle $\alpha \in \mathbb{R}$. Dann ist die Funktion $\varphi(\cdot\,; x^*) : \mathbb{R} \to M\,;\, t \mapsto g^t x^*$ injektiv, d. h. Γ_{x^*} ist eine doppelpunktfreie Punktmenge in M. Ist diese Funktion stetig, dann auch die Umkehrfunktion, d. h. dann ist Γ_{x^*} zusammenhängend und offen.

Nach dem vorigen Lemma definiert die Fundamentallösung der GDG (2.3) unter geeigneten Voraussetzungen einen Phasenfluss mit Phasenraum M im Sinne der allgemeinen Definition. Umgekehrt gilt:

Satz (Assoziierte GDG) *Sei $\{g^t\}_{t\in\mathbb{R}}$ ein Phasenfluss mit Phasenraum $M \subset \mathbb{R}^n$, so dass $g^t x$ für alle $x \in M$ bzgl. t bei $t = 0$ und somit auf ganz $\mathbb{R}$ differenzierbar ist. Sei v das zugehörige Phasengeschwindigkeitsfeld. Wir betrachten die GDG in* (2.3) *mit diesem Vektorfeld v (**assoziierte GDG zum gegebenen Phasenfluss**). Dann ist $\varphi(t; x_0) = g^t x_0$, $t \in \mathbb{R}$, eine globale, nicht notwendig eindeutige Lösung des zugehörigen AWPs zu den Anfangsdaten $t_0 = 0$ und $x(0) = x_0 \in M$. Ist v z. B. ein C^1-Vektorfeld, also $g^t x$ bzgl. beider Argumente hinreichend glatt, dann ist dieses AWP für beliebige $x_0 \in M$ eindeutig lösbar, und der Phasenfluss $\{g^t\}_{t\in\mathbb{R}}$ definiert die Fundamentallösung φ der assoziierten GDG:*

$$\varphi : \mathbb{R} \times M \to M\;; \quad (t, x_0) \mapsto \varphi(t; x_0) = g^t x_0$$

Beweis Für alle $x_0 \in M$ und $t \in \mathbb{R}$ gilt $\varphi(0; x_0) = g^0 x_0 = x_0$ sowie

$$\begin{aligned}\frac{d}{dt}\varphi(t; x_0) &= \frac{\partial}{\partial t} g^t x_0 = \frac{\partial}{\partial \tau}\Big|_{\tau=0} g^{\tau+t}x_0 \\ &= \frac{\partial}{\partial \tau}\Big|_{\tau=0} g^\tau(g^t x_0) = v(g^t x_0) = v(\varphi(t; x_0)) \,.\end{aligned}$$ □

Beispiel

Sei $\{g^t\}_{t\in\mathbb{R}}$ eine ein-parametrige Gruppe linearer Transformationen in $\mathbb{R}$, so dass $g^t x$ bzgl. t bei $t = 0$ differenzierbar ist. Jede solche Gruppe ist Phasenfluss einer linearen GDG der Form $\dot{x} = ax$, $x \in M = \mathbb{R}$, für ein gewisses $a \in \mathbb{R}$, und es gilt: $g^t x = xe^{at}$, d. h. für $a \neq 0$, $t \neq 0$ ist g^t eine Stauchung bzw. Streckung in $\mathbb{R}$.

Denn $\{g^t\}_{t\in\mathbb{R}}$ ist ein Phasenfluss mit Phasenraum M. Dessen Phasengeschwindigkeitsfeld v ist linear und somit C^1-glatt, da für beliebige $\lambda, \mu, x, y \in \mathbb{R}$ gilt:

$$v(\lambda x + \mu y) = \frac{\partial}{\partial t}\Big|_{t=0} g^t(\lambda x + \mu y) = \lambda \frac{\partial}{\partial t}\Big|_{t=0} g^t x + \mu \frac{\partial}{\partial t}\Big|_{t=0} g^t y$$
$$= \lambda v(x) + \mu v(y)$$

Somit existiert ein $a \in \mathbb{R}$, so dass $v(x) = ax$, $x \in \mathbb{R}$. Nach dem vorigen Satz ist $\varphi(t; x_0) = g^t x_0$ für alle $x_0 \in \mathbb{R}$ die Fundamentallösung der GDG $\dot{x} = v(x) = ax$. Dies ist eine skalare lineare GDG erster Ordnung, deren Fundamentallösung $\varphi(t; x_0) = x_0 e^{at}$ ist (vgl. (1.6)). Somit folgt die Behauptung.

► **Bemerkung (Arnold[4] [3], S. 64)** Im Sinne einer abstrakten Sichtweise besteht das Grundproblem der Theorie von GDGn in der mathematischen Behandlung der Relation zwischen Phasenflüssen und assoziierten GDGn. Beschreibt ein Phasenfluss beispielsweise den Verlauf eines deterministischen zeitlichen Evolutionsprozesses mit beliebigen Anfangsdaten, dann bestimmt die durch das Phasengeschwindigkeitsfeld definierte GDG das lokale Gesetz der Evolution des Prozesses. Die Theorie von GDGn ermöglicht es in diesem Zusammenhang, bei Kenntnis dieses Evolutionsgesetzes einerseits die vergangene Entwicklung des Prozesses zu rekonstruieren und andererseits die künftige Entwicklung vorherzusagen. Die Formulierung eines Evolutionsgesetzes in Form einer autonomen GDG reduziert Fragen zum betreffenden Prozess auf das geometrische Problem des Studiums von Orbits dieser GDG im Phasenraum.

Wir haben gesehen, dass die äquivalente Umformung von GDGn bzw. Vektorfeldern mittels Diffeomorphismen des Phasenraums ein nützliches Hilfsmittel zur Analyse ist. Dabei ist das transformierte Vektorfeld in der Regel nicht so glatt wie der Diffeomorphismus. Im Gegensatz dazu lassen sich Phasenflüsse ohne Glattheitsverlust und sogar mittels nicht-glatter Transformationen des Phasenraums äquivalent umformen.

Definition (Operation von Transformationen auf Phasenflüssen)

Das **Bild des Phasenflusses** $\{g^t\}_{t\in\mathbb{R}}$ mit Phasenraum M **unter der Transformation** $\Phi : M \to N; x \mapsto \xi = \Phi(x)$ $(M, N \subset \mathbb{R}^n$ offen), ist der Phasenfluss $\{h^t\}_{t\in\mathbb{R}}$ mit Phasenraum N, gegeben durch

$$h^t = \Phi \circ g^t \circ \Phi^{-1}.$$

Man sagt, $\{h^t\}_{t\in\mathbb{R}}$ ist zu $\{g^t\}_{t\in\mathbb{R}}$ **unter (bzgl.) der Transformation Φ konjugiert**.

Wie man direkt nachrechnet, besitzt mit $\{g^t\}_{t\in\mathbb{R}}$ auch $\{h^t\}_{t\in\mathbb{R}}$ die Flusseigenschaften, was diese Definition rechtfertigt. Ferner ist $\{h^t\}_{t\in\mathbb{R}}$ zu $\{g^t\}_{t\in\mathbb{R}}$ bzgl. Φ konjugiert genau dann, wenn $\{g^t\}_{t\in\mathbb{R}}$ zu $\{h^t\}_{t\in\mathbb{R}}$ bzgl. Φ^{-1} konjugiert ist. Die Konjugation von

[4] Wladimir Igorewitsch Arnold (1937–2010); Moskau, Paris

Phasenflüssen ist offensichtlich eine Äquivalenzrelation. Ist Φ ein C^r-Diffeomorphismus, $0 \leq r \in \mathbb{N}_0 \cup \{\infty\}$, dann ist $h^t \xi$ in einem bzw. in beiden Argumenten C^r-glatt genau dann, wenn dies für $g^t x$ gilt. Ebenso sieht man leicht, dass Φ die Bewegung $g^t x^*$, $t \in \mathbb{R}$, des Punktes $x^* \in M$ punktweise bzgl. t auf die Bewegung $h^t(\Phi(x^*))$, $t \in \mathbb{R}$, des Punktes $\Phi(x^*) \in N$ abbildet. Entsprechend wird der Orbit $\Gamma_{x^*} \subset M$ punktweise und orientierungserhaltend auf den Orbit $\Gamma_{\Phi(x^*)} \subset N$ abgebildet. Somit liegt eine vollständige Analogie zu äquivalenten Vektorfeldern bzw. GDGn vor. Dies wirft die Frage nach dem Zusammenhang zwischen der Konjugation von Phasenflüssen und der Äquivalenz der assoziierten Vektorfelder bzw. GDGn auf.

Lemma

a) *Der Phasenfluss $\{h^t\}_{t\in\mathbb{R}}$ mit Phasenraum $N \subset \mathbb{R}^n$ sei zum Phasenfluss $\{g^t\}_{t\in\mathbb{R}}$ mit Phasenraum $M \subset \mathbb{R}^n$ unter einem Diffeomorphismus $\Phi : M \to N$, $x \mapsto \xi = \Phi(x)$ konjugiert. Für alle $x \in M$ bzw. $\xi \in N$ sei $g^t x$ oder $h^t \xi$ bei $t = 0$ bzgl. t differenzierbar. Dann existieren die zugehörigen Phasengeschwindigkeitsfelder, und für diese gilt $w = \Phi_* v$, d. h. die assoziierten GDGn sind äquivalent.*

b) *Existieren umgekehrt die Phasengeschwindigkeitsfelder der Phasenflüsse in a), und gilt für diese $w = \Phi_* v$, wobei v oder w C^1-glatt ist, dann sind die Phasenflüsse $\{h^t\}_{t\in\mathbb{R}}$ und $\{g^t\}_{t\in\mathbb{R}}$ konjugiert unter Φ.*

Beweis

a) Mittels der Flusseigenschaft iii) und der Kettenregel folgt, dass sowohl $g^t x$ als auch $h^t \xi$ bzgl. t auf ganz $\mathbb{R}$ differenzierbar ist. Somit gilt für alle $\xi \in N$

$$
\begin{aligned}
w(\xi) &= \frac{\partial}{\partial t}\Big|_{t=0} h^t \xi = \frac{\partial}{\partial t}\Big|_{t=0} (\Phi \circ g^t \circ \Phi^{-1})(\xi) \\
&= J\Phi(\Phi^{-1}(\xi)) \frac{\partial}{\partial t}\Big|_{t=0} g^t(\Phi^{-1}(\xi)) = J\Phi(\Phi^{-1}(\xi)) v(\Phi^{-1}(\xi)),
\end{aligned}
$$

also nach Definition: $w = \Phi_* v$.

b) Wir nehmen ohne Beschränkung der Allgemeinheit an, dass w C^1-glatt ist. Sonst ersetze man im Folgenden Φ durch Φ^{-1}. Somit definiert $\{h^t\}_{t\in\mathbb{R}}$ nach dem Satz [Assoziierte GDG] die Fundamentallösung der zu w gehörenden GDG. Andererseits rechnet man unter Verwendung von $w = \Phi_* v$ direkt nach, dass $(\Phi \circ g^t \circ \Phi^{-1})(\xi_0)$, $t \in \mathbb{R}$, das zugehörige AWP mit Anfangsdaten $t = t_0 = 0$ und $\xi(0) = \xi_0$, $\xi_0 \in N$ beliebig, löst. In der Tat gilt

$$
\begin{aligned}
\frac{\partial}{\partial t}(\Phi \circ g^t \circ \Phi^{-1})(\xi_0) &= \frac{\partial}{\partial \tau}\Big|_{\tau=0} (\Phi \circ g^{t+\tau} \circ \Phi^{-1})(\xi_0) \\
&= \frac{\partial}{\partial \tau}\Big|_{\tau=0} (\Phi \circ g^{\tau} \circ \Phi^{-1} \circ \Phi \circ g^t \circ \Phi^{-1})(\xi) \\
&= (\Phi_* v)((\Phi \circ g^t \circ \Phi^{-1})(x_0)) = w((\Phi \circ g^t \circ \Phi^{-1})(\xi_0))
\end{aligned}
$$

Die Eindeutigkeit dieser Lösung impliziert $h^t = \Phi \circ g^t \circ \Phi^{-1}$. □

Folgerung *Zwei Phasenflüsse, die bzgl. beider Argumente hinreichend glatt sind, sind konjugiert unter einem Diffeomorphismus Φ genau dann, wenn die assoziierten GDGn äquivalent sind.*

Der Äquivalenzbegriff für GDGn erzwingt die Voraussetzung dieser Folgerung, dass die Transformation Φ ein Diffeomorphismus ist. Ein bemerkenswertes Resultat ist in dem Zusammenhang der folgende Satz. Zum Beweis verweisen wir auf [14], [17], [18].

Satz (Hartman[5]-Grobman[6]) *Sei v ein C^1-Vektorfeld und x_G ein hyperbolischer Gleichgewichtspunkt der zugehörigen GDG. Sei ferner $\{g^t\}_{t\in\mathbb{R}}$ der Phasenfluss dieser GDG und $\{h^t\}_{t\in\mathbb{R}}$ derjenige der um $x = x_G$ linearisierten GDG $\dot{\xi} = Jv(x_G)\xi$, $\xi = x - x_G$. Dann existiert eine offene Umgebung $M \subset \mathbb{R}^n$ von x_G und ein Homöomorphismus $\Phi : M \to \Phi(M) \subset \mathbb{R}^n;\ x \mapsto \xi = \Phi(x)$ mit $\Phi(x_G) = 0$, d. h. eine Transformation, die samt der Umkehrtransformation Φ^{-1} stetig ist, so dass $\{h^t\}_{t\in\mathbb{R}}$ zu $\{g^t\}_{t\in\mathbb{R}}$ bzgl. Φ konjugiert ist.*

Dabei ist Φ im Allgemeinen kein Diffeomorphismus. Daher sind die betreffenden GDGn im Allgemeinen nicht äquivalent. Äquivalenzresultate dazu findet man beispielsweise in [35]. Die (lokalen) Phasenportraits jener GDGn in M bzw. $\Phi(M)$ stimmen jedoch bis auf Transformation unter dem Homöomorphismus Φ überein. Insbesondere klassifizieren und bezeichnen wir daher hyperbolische Gleichgewichtspunkte x_G ebener, nicht-linearer GDGn entsprechend der Klassifikation des Gleichgewichtspunktes $\xi = 0$ ihrer Linearisierung um $x = x_G$. Wir sprechen auch im nicht-linearen Fall von (in)stabilen Knoten und Strudeln bzw. von Sattelpunkten. Die Begründung von Lyapunovs indirekter Methode zur Stabilitätsanalyse lässt sich mit dem Satz [Hartman-Grobman] im Fall hyperbolischer Gleichgewichtspunkte auf lineare GDGn zurückführen (siehe Übungsaufgabe 4.13).

Für nicht-hyperbolische Gleichgewichtspunkte gilt der Satz [Hartman-Grobman] in der obigen Form im Allgemeinen nicht, d. h. hier unterscheiden sich die lokalen Phasenportraits der nicht-linearen und der linearisierten GDG in der Regel qualitativ (vgl. Verallgemeinerung des Satzes [Hartman-Grobman], z. B. in [6]).

Dagegen sind autonome GDGn mit C^1-Vektorfeldern nach dem Satz [Begradigungssatz, autonomer Fall] außerhalb ihrer Gleichgewichtspunkte lokal äquivalent zur GDG $\dot{\xi} = e_1$, wobei $e_1 = (1, 0, \ldots, 0)^T \in \mathbb{R}^n$ konstant ist. Die GDG $\dot{\xi} = e_1$ ist eine lokale Normalform. In den so genannten Flussschachtelkoordinaten ξ wird der Phasenfluss also begradigt. Orbits sind bzgl. dieser Koordinaten geradlinig und parallel zum Vektor e_1.

[5] Philip Hartman (1915–2015); Baltimore, New York

[6] David Grobman (geb. 1922); Moskau

2.6 Übungsaufgaben

2.1 Man skizziere alle Orbits der folgenden GDGn ($t, x \in \mathbb{R}$):

a) $\dot{x} = \frac{1}{\sqrt{2}} - \cos x$

b) $\dot{x} = 4 \cos x \, \sin x$

c) $\dot{x} = (x^2 - 3x + 2)(x^2 - 2x - 3)$

d) $\dot{x} = x^3 - 7x^2 + 12x$

e) $\dot{x} = x^4 - 4x^2 - 5$

2.2 Bestimmen Sie sämtliche Orbits und skizzieren Sie das Phasenportrait für die folgenden Gleichungssysteme ($x_1, x_2, x_3 \in \mathbb{R}$; $k \in \mathbb{R}$ ein Parameter):

a) $\dot{x}_1 = -x_1$

$\dot{x}_2 = k x_2$

b) $\dot{x}_1 = x_1 + x_2$

$\dot{x}_2 = x_2$

c) $\dot{x}_1 = x_2$

$\dot{x}_2 = -x_1$

$\dot{x}_3 = -x_3$

Für welche dieser Gleichungssysteme ist der Gleichgewichtspunkt im Koordinatenursprung (asymptotisch) stabil, für welche ist er instabil? Welchen Typs ist dieser Gleichgewichtspunkt für $k \neq 0$ im Fall a)?

2.3 **(Kanonische) Hamiltonsche[7] Systeme** im $\mathbb{R}^{2n}$, $n \in \mathbb{N}$, sind GDGn 1. Ordnung folgender Form ($p, q \in \mathbb{R}^n$):

$$\dot{q} = \frac{\partial H}{\partial p}(q, p)$$

$$\dot{p} = -\frac{\partial H}{\partial q}(q, p) .$$

Sie bilden eine bedeutende Klasse konservativer Systeme von GDGn. Dabei ist $H : \mathbb{R}^{2n} \to \mathbb{R}$ die zugehörige **Hamilton-Funktion**. In der Mechanik bezeichnen die Komponenten von q (verallgemeinerte) Konfigurationsvariablen und die Komponenten von p entsprechende Impulsvariablen. Die Hamilton-Funktion stellt die Gesamtenergie eines mechanischen Systems dar und ist im einfachsten Fall als Summe $H = T + U$ der kinetischen Energie $T = T(q, p)$ und der potenziellen Energie $U = U(q)$ definiert. Im Folgenden sei H 2-fach stetig differenzierbar. Man zeige:

a) H ist ein erstes Integral des entsprechenden Hamiltonschen Systems von GDGn.

b) Im Fall $n = 1$ ist ein Hamiltonsches System von GDGn vollständig integrierbar.

c) Man skizziere das Phasenportrait des Hamiltonschen Systems zu folgender Hamilton-Funktion ($p, q \in \mathbb{R}$):

$$H(q, p) = \frac{1}{2} p^2 - \cos q$$

Dieses beschreibt die Bewegungen des ungedämpften mathematischen Pendels in dimensionslosen Variablen (vgl. Beispiel im Abschn. 5.1). Dabei bezeichnet $q = \varphi$ den Auslenkungswinkel des Pendels aus der in Richtung der Gravitationskraft weisenden Ruhelage und $p = \omega$ die zugehörige Impulsvariable.

[7] William Rowan Hamilton (1805–1865); Dublin

d) Besitzt das Hamiltonsche System zur Hamilton-Funktion aus Aufgabenteil c) Gleichgewichtspunkte, periodische Orbits oder homo- und heterokline Orbits? Man begründe die Antwort.

2.4 Gegeben sei das System von Differentialgleichungen ($t \in \mathbb{R}$, $x = (x_1, x_2)^T \in \mathbb{R}^2$):

$$\dot{x}_1 = x_1(1 - x_1^2 - x_2^2) + x_2$$
$$\dot{x}_2 = -x_1 + x_2(1 - x_1^2 - x_2^2)$$

a) Bestimmen Sie die allgemeine Lösung und skizzieren Sie das Phasenportrait. Welchen Typs ist der Gleichgewichtspunkt im Koordinatenursprung?
Hinweis: Schreiben Sie das gegebene Gleichungssystem in Polarkoordinaten r, θ gemäß $x_1 = r\cos\theta$, $x_2 = r\sin\theta$.
b) Seien $x = \varphi(t)$ und $x = \hat{\varphi}(t)$ zwei Lösungen und $\lambda \in \mathbb{R}$. Sind dann immer auch $x = \varphi(t) + \hat{\varphi}(t)$ und $x = \lambda\varphi(t)$ Lösungen? Begründen Sie Ihre Antwort.

2.5 a) Die Gleichungen $\dot{x} = v(x)$ und $\dot{x} = \tilde{v}(x)$, $x \in \mathbb{R}^n$, seien äquivalent unter dem Diffeomorphismus $\Phi : \mathbb{R}^n \to \mathbb{R}^n$, v oder $\tilde{v}$ sei C^1-glatt.
Zeigen Sie, dass Φ Orbits der einen Gleichung umkehrbar eindeutig auf Orbits der anderen Gleichung abbildet. Insbesondere gehen dabei Gleichgewichtspunkte in Gleichgewichtspunkte und periodische Orbits in periodische Orbits über.
b) Man zeige: Ein Gleichgewichtspunkt x_G der einen Gleichung ist genau dann stabil (asymptotisch stabil, instabil), wenn dies für den Bildgleichgewichtspunkt $\Phi(x_G)$ bezüglich der anderen Gleichung der Fall ist.

2.6 a) Sei A eine reelle symmetrische (n, n)-Matrix. Bestimmen Sie die allgemeine Lösung der linearen Gleichung $\dot{x} = Ax$, $x \in \mathbb{R}^n$, in Abhängigkeit von den Eigenwerten und zugehörigen Eigenvektoren von A.
b) Sei A eine reelle symmetrische (n, n)-Matrix derart, dass $\lambda \leq 0$ für jeden Eigenwert λ von A gilt. Zeigen Sie mithilfe der direkten Methode von Lyapunov, dass $0 \in \mathbb{R}^n$ ein stabiler Gleichgewichtspunkt der Differentialgleichung

$$\dot{x} = Ax$$

ist.
Hinweis: Die Matrix A lässt sich durch eine lineare Transformation des $\mathbb{R}^n$ diagonalisieren.

2.7 Ein nichtlinearer Oszillator werde beschrieben durch das System von Differentialgleichungen

$$\dot{x}_1 = x_2$$
$$\dot{x}_2 = -cx_2 - ax_1 - bx_1^3,$$

wobei $x_1, x_2 \in \mathbb{R}$, $a, b > 0$ und $c \geq 0$.
a) Zeigen Sie, dass $x_G := (0, 0)^T$ der einzige Gleichgewichtspunkt ist.
b) Zeigen Sie, dass der Gleichgewichtspunkt x_G für $c = 0$ stabil und für $c > 0$ asymptotisch stabil ist.
c) Zeigen Sie, dass im Fall $c = 0$ der Gleichgewichtspunkt x_G nicht asymptotisch stabil ist.
d) Welchen Typs ist der Gleichgewichtspunkt x_G in Abhängigkeit von a und b für $c > 0$?
e) Skizzieren Sie das Phasenportrait des nichtlinearen Oszillators im Fall $a = 1, b = 1$ und $c = 0$.

Hinweis: Verwenden Sie, dass die Funktion $H : \mathbb{R}^2 \to \mathbb{R}$, $H(x_1, x_2) := \frac{1}{2}x_2^2 + \frac{a}{2}x_1^2 + \frac{b}{4}x_1^4$ im Fall $c > 0$ für $x_2 \neq 0$ strikt monoton fallend ist entlang von Lösungen und dass gilt

$H(x_G) = 0$, $H(x_1, x_2) > 0$ für $(x_1, x_2)^T \neq x_G$. Beachten Sie weiterhin, dass im Fall $c = 0$ die Funktion H konstant ist entlang von Lösungen. H lässt sich in diesem Fall physikalisch als Gesamtenergie des Oszillators interpretieren.

2.8 Das Vektorfeld $v : \mathbb{R}^3 \to \mathbb{R}^3$ sei definiert durch

$$v(x_1, x_2, x_3) = \begin{pmatrix} x_1(7 - x_1^2 - x_2^2) + 3x_2 \\ -3x_1 + x_2(7 - x_1^2 - x_2^2) \\ x_3^2 \end{pmatrix}.$$

Sei

$$U = \{(r, \theta, z) \in \mathbb{R}^3 \mid r > 0 \,,\; 0 < \theta < 2\pi \,,\; z \in \mathbb{R}\} \,,$$

und sei die Abbildung $\Phi : U \to \mathbb{R}^3$ definiert durch

$$\Phi(r, \theta, z) = (r \cos\theta,\; r \sin\theta,\; z) \,.$$

a) Zeigen Sie, dass die Abbildung $\Phi : U \to \Phi(U)$ ein Diffeomorphismus ist.
b) Bestimmen Sie das Bild $\tilde{v}$ des Vektorfeldes $v_{|\Phi(U)}$ unter dem Diffeomorphismus Φ^{-1}.
c) Bestimmen Sie sämtliche Gleichgewichtspunkte einschließlich der Stabilitätseigenschaften und sämtliche periodische Orbits der zu v gehörenden gewöhnlichen Differentialgleichung 1. Ordnung im Phasenraum $\mathbb{R}^3$.
Hinweis: Man betrachte die zu $\tilde{v}$ gehörende GDG 1. Ordnung im Phasenraum U.
d) Skizzieren Sie das Phasenportrait der zu v gehörenden GDG 1. Ordnung.

2.9 a) Gegeben sei das Gleichungssystem in kartesischen Koordinaten im $\mathbb{R}^3$:

$$\begin{aligned} \dot{x}_1 &= -x_1 - x_2 \\ \dot{x}_2 &= x_1 - x_2 \\ \dot{x}_3 &= -x_3 \end{aligned}$$

Man transformiere dieses System auf Zylinderkoordinaten (r, θ, z), $r > 0$, $0 < \theta < 2\pi$, $z \in \mathbb{R}$, gegeben durch $x_1 = r\cos\theta$, $x_2 = r\sin\theta$, $x_3 = z$ und benutze das resultierende System, um das Phasenportrait des ursprünglichen Gleichungssystems zu skizzieren.
b) Man bestimme alle Gleichgewichtspunkte des obigen Gleichungssystems und deren Stabilitätseigenschaften.

2.10 Gegeben sei das Gleichungssystem ($x_1 \in \mathbb{R}, x_2 \in \mathbb{R}$):

$$\begin{aligned} \dot{x}_1 &= -x_1^7 + x_2 \\ \dot{x}_2 &= -x_1 - x_2 \end{aligned}$$

a) Bestimmen Sie alle Gleichgewichtspunkte.
b) Zeigen Sie, dass der Gleichgewichtspunkt $(0, 0)$ stabil ist.
c) Ist der Gleichgewichtspunkt $(0, 0)$ auch asymptotisch stabil? Begründen Sie Ihre Antwort!

Hinweis zu b) und c): Bestimmen Sie $c_1, c_2 > 0$ so, dass die Funktion $f(x_1, x_2) = c_1 x_1^2 + c_2 x_2^2$ entlang von Lösungen des Gleichungssystems monoton fallend ist.

2.11 a) Bestimmen Sie alle Lösungen des Gleichungssystems ($t, x_1, x_2, x_3 \in \mathbb{R}$)

$$\begin{aligned}\dot{x}_1 &= x_1(1 - x_1^2 - x_3^2) - x_3\\ \dot{x}_2 &= \cos t + 4\sin t\\ \dot{x}_3 &= x_1 + x_3(1 - x_1^2 - x_3^2)\,.\end{aligned}$$

b) Bestimmen Sie alle periodischen Lösungen des obigen Gleichungssystems. (Begründen Sie insbesondere, warum es keine weiteren als die von Ihnen angegebenen gibt.)

2.12 Gegeben sei das System von Differentialgleichungen ($t, x_1, x_2 \in \mathbb{R}$):

$$\begin{aligned}\dot{x}_1 &= x_2\\ \dot{x}_2 &= -x_1 - \frac{1}{8}\sin(4x_1)\end{aligned} \qquad (\star)$$

a) Zeigen Sie, dass $x_G := (0,0)^T$ ein Gleichgewichtspunkt von $(\star)$ ist.
b) Gibt es weitere Gleichgewichtspunkte von $(\star)$? Begründen Sie Ihre Antwort.
c) Zeigen Sie, dass die Funktion $H : \mathbb{R}^2 \to \mathbb{R}$, definiert durch

$$H(x_1, x_2) = \frac{1}{2}x_1^2 + \frac{1}{2}x_2^2 - \frac{1}{32}\cos(4x_1),$$

konstant ist entlang der Lösungen von $(\star)$.
d) Zeigen Sie unter Verwendung der direkten Methode von Lyapunov, dass der Gleichgewichtspunkt $x_G = (0,0)^T$ von $(\star)$ stabil ist. Ist er auch asymptotisch stabil? Begründen Sie Ihre Antwort.

2.13* a) Man zeige: Sei $V \subset M$ eine kompakte Teilmenge des Phasenraums M der GDG (2.3) und $F : M \to \mathbb{R}$ eine C^1-Funktion, $\dot{F}(x) = \big\langle \nabla F(x), v(x)\big\rangle \le 0$ für alle $x \in V$. Dann gilt für alle $x_0 \in V : \varphi(t; x_0) \notin V$ für ein $t > 0$, oder

$$\lim_{t\to\infty} \operatorname{dist}\big(\varphi(t; x_0), S\big) = 0$$

mit $S = \{x \in V \mid \dot{F}(x) = 0\}$, wobei $\varphi(t; x_0)$ die Fundamentallösung der GDG (2.3) ist.
b) Man beweise die folgende Version des **Invarianzprinzips von La Salle**[8] (vgl. [25]): Zusätzlich zu den Voraussetzungen des Aufgabenteils a) gelte $\varphi(t; x_0) \in V$ für alle $x_0 \in V$ und $t \ge 0$, d. h. V ist eine **positiv invariante Teilmenge** des Phasenraums der GDG (2.3). Mit N bezeichnen wir die Menge aller **ω-Limespunkte** zu den Punkten $x_0 \in V$, d. h. die Menge der Punkte $x^* = x^*(x_0) \in V$, so dass ein $x_0 \in V$ sowie eine Folge $(t_k)_{k\in\mathbb{N}}$ existieren mit $t_k \to \infty$ und $\varphi(t_k; x_0) \to x^*$ für $k \to \infty$. Dann ist N eine invariante Teilmenge des Phasenraums der GDG (2.3), also $\varphi(t; N) = N$ für alle $t \in \mathbb{R}$, und es gilt $N \subset S$ sowie

$$\lim_{t\to\infty} \operatorname{dist}\big(\varphi(t; x_0), N\big) = 0$$

für alle $x_0 \in V$.
c) Zusätzlich zu den Voraussetzungen des Aufgabenteils b) gelte $\mathring{V} \ne \emptyset$ und die maximale (im Sinne der Mengeninklusion), in S enthaltene invariante Teilmenge des Phasenraums

[8] Joseph Pierre (Joe) La Salle (1916–1983); Notre Dame, Baltimore, Providence

der GDG (2.3) umfasse außer einem Gleichgewichtspunkt (bzw. einem periodischen Orbit) $x_G \in \overset{\circ}{V}$ (bzw. $\Gamma_{x_p} \subset \overset{\circ}{V}$) der GDG (2.3) keinen weiteren Punkt. Dann ist x_G (bzw. Γ_{x_p}) asymptotisch stabil (bzw. orbital asypmptotisch stabil).

Hinweis: Diese Aussagen verallgemeinern Lyapunovs direkte Methode zum Nachweis der asymptotischen Stabilität von Gleichgewichtspunkten und können mithilfe ähnlicher Argumente wie der Satz [Lyapunovs direkte Methode] bewiesen werden (siehe Anhang). Zum Beweis der Mengeninklusion $N \subset S$ sowie für Aufgabenteil c) verwende man die grundlegende Evolutionseigenschaft der Fundamentallösung $\varphi(t; x_0)$.

2.14 Man zeige: Sei $F : Q \to \mathbb{R}$ eine 2-fach stetig differenzierbare Lyapunov-Funktion zum Gleichgewichtspunkt $x_G \in Q$ der GDG (2.3). Zusätzlich gelte für alle $x \in Q \setminus \{x_G\}$ mit $\dot{F}(x) = 0$:

$$\ddot{F}(x) = \nabla F(x)^T \big(J v(x)\big) v(x) + v(x)^T \big(HF(x)\big) v(x) < 0\,,$$

wobei

$$HF(x) = \left(\frac{\partial^2 F}{\partial x_j \partial x_k}(x)\right)_{1 \le j,k \le n}$$

die **Hesse[9]-Matrix** von F an der Stelle $x \in Q$ bezeichne. Dann ist x_G asymptotisch stabil.

Hinweis: $\ddot{F}(x)$ ist die Ableitung 2. Ordnung von $F(\varphi(t; x))$ bzgl. t an der Stelle $t = 0$, wobei $\varphi(t; x)$ die Fundamentallösung der GDG (2.3) ist.

2.15 a) Man zeige: Ein Gleichgewichtspunkt $x_G \in M$ der GDG (2.3) ist genau dann (asymptotisch) stabil im Sinne von Lyapunov, wenn der entsprechende Orbit $\Gamma_{x_G} = \{x_G\}$ orbital (asymptotisch) stabil ist.

b)* Eine zur Aussage im Aufgabenteil a) analoge Aussage gilt für sonstige Typen von Orbits i. Allg. nicht. Dazu zeige man für die Pendelgleichung aus Übungsaufgabe 2.3c): Die Periode der periodischen Orbits (Pendelschwingungen) nahe der Ruhelage bei $q = p = 0$ variiert mit dem Abstand zu dieser Ruhelage im Phasenraum $\mathbb{R}^2$. Man schließe daraus, dass es für einen solchen Orbit $\Gamma_{\binom{q^*}{p^*}}$ ein $\varepsilon > 0$ gibt, so dass für alle $\delta > 0$ ein $\binom{q_0}{p_0} \in \mathbb{R}^2$ und ein $t \ge 0$ existieren mit $\|\binom{q_0}{p_0} - \binom{q^*}{p^*}\| < \delta$ sowie $\|\varphi\big(t; \binom{q_0}{p_0}\big) - \varphi\big(t; \binom{q^*}{p^*}\big)\| \ge \varepsilon$, obwohl jene periodischen Orbits orbital stabil sind.

c) Man zeige: Sei $\Gamma_p : x = \varphi(t; x_p), 0 \le t \le T$, ein T-periodischer Orbit der GDG $\dot{x} = v(x)$ in (2.3). Dann ist $v(x_p)$ ein Eigenvektor zum Eigenwert 1 der Jacobi-Matrix $J_x\varphi(T; x_p)$ bzgl. der Variablen x.

[9] Ludwig Otto Hesse (1811–1874); Königsberg, Halle, Heidelberg, München

3 Grundlegende Theorie

In diesem Kapitel widmen wir uns ausführlich Fragen der Existenz, Eindeutigkeit und Glattheit von Lösungen des AWPs zu GDGn 1. Ordnung. Wir formulieren einige wichtige Sätze der klassischen Theorie, welche die Grundlage der qualitativen Theorie darstellen. Die meisten Sätze beweisen wir, einige relativ technische Beweise verlagern wir in den Anhang.

Wir gehen zurück zum AWP (2.2)

$$\begin{aligned} \dot{x} &= \Psi(t,x)\,, \qquad (t,x) \in U \\ x(t_0) &= x_0\,, \end{aligned}$$

wobei U eine offene Teilmenge des $\mathbb{R} \times \mathbb{R}^n$ sei und $(t_0, x_0) \in U$ gelte. Im Einzelnen geht es um folgende Fragen:

- Unter welchen, möglichst allgemeinen Voraussetzungen an $\Psi : U \to \mathbb{R}^n$ existiert eine Lösung $x = \varphi(t; t_0, x_0)$ für t hinreichend nahe bei t_0 (lokale Existenz)?
- Ist diese eindeutig bestimmt?
- Wie glatt ist eine solche Lösung in Abhängigkeit von ihren Argumenten sowie gegebenenfalls von zusätzlichen Parametern in Ψ?
- Wie weit lässt sie bzw. die zugehörige Integralkurve graph(φ) sich innerhalb von U fortsetzen?

Der folgende Satz [Peano] ist ein reiner Existenzsatz. Wir formulieren ihn hier ohne Beweis; dazu siehe z. B. [37]. Er garantiert die Existenz lokaler Lösungen des AWPs (2.2); diese sind aber unter den Voraussetzungen dieses Satzes i. Allg. nicht eindeutig. Die Eindeutigkeit erfordert zusätzliche Bedingungen (vgl. Abschn. 1.1, Beispiele und die anschließende Bemerkung). Hinsichtlich der qualitativen Theorie von GDGn ist der Satz [Peano] daher weniger wichtig als beispielsweise die Sätze in Abschn. 3.1.

J. Scheurle, *Gewöhnliche Differentialgleichungen*, Mathematik Kompakt,
DOI 10.1007/978-3-319-55604-8_3

Satz (Peano) *Sei $U \subset \mathbb{R} \times \mathbb{R}^n$ offen und $\Psi : U \to \mathbb{R}^n$ stetig, $(t_0, x_0) \in U$. Dann ist das AWP (2.2)* ***lokal lösbar****, d. h. es gibt ein Intervall $(a, b) \subset \mathbb{R}$ mit $t_0 \in (a, b)$, so dass mindestens eine Lösung $\varphi : (a, b) \to \mathbb{R}^n$ existiert.*

3.1 Der Satz von Picard-Lindelöf

Zunächst formulieren wir das AWP (2.2) äquivalent um.

Lemma *Die Abbildung $\Psi : U \to \mathbb{R}^n$ sei stetig, $t_0 \in (a, b)$. Dann ist eine stetige Funktion $\varphi : [a, b] \to \mathbb{R}^n$ mit $(t, \varphi(t)) \in U$ für alle $t \in [a, b]$, eine stetig differenzierbare Lösung von (2.2) für $t \in (a, b)$ genau dann, wenn φ die folgende Integralgleichung erfüllt:*

$$\varphi(t) = x_0 + \int_{t_0}^{t} \Psi(s, \varphi(s))\, ds\,, \qquad t \in [a, b] \tag{3.1}$$

Dabei ist das Integral im Riemannschen Sinne und komponentenweise zu verstehen.

Beweis Ist φ eine Lösung des AWPs (2.2) für $t \in (a, b)$, dann impliziert die GDG in (2.2), dass φ dort stetig differenzierbar ist, und (3.1) ergibt sich durch Integration der GDG in (2.2) bzgl. t in den Grenzen von t_0 bis t. Das Integral in (3.1) existiert, da der Integrand stetig ist. Erfüllt umgekehrt φ die Integralgleichung (3.1), dann ist φ als Stammfunktion einer stetigen Funktion in (a, b) stetig differenzierbar und erfüllt die Anfangsbedingung in (2.2). Differenzieren von (3.1) nach t zeigt, dass φ zudem die GDG in (2.2) löst. □

Indem wir durch die Abbildungsvorschrift

$$\mathcal{K} : \varphi \mapsto x_0 + \int_{t_0}^{t} \Psi(s, \varphi(s))\, ds$$

einen Operator $\mathcal{K}$ in einem noch zu wählenden Funktionenraum einführen, können wir (3.1) als Fixpunktproblem

$$\varphi = \mathcal{K}(\varphi)$$

auffassen. Darauf wenden wir den *Banachschen*[1] *Fixpunktsatz* an. Um zu garantieren, dass der Operator $\mathcal{K}$ kontrahierend ist, verlangen wir, dass Ψ eine lokale Lipschitz[2]-

[1] Stefan Banach (1892–1945); Lwów

[2] Rudolf Otto Sigismund Lipschitz (1832–1903); Königsberg, Breslau, Bonn

Bedingung erfüllt. Dann liefert der Banachsche Fixpunktsatz eine eindeutige lokale Lösung des AWPs (2.2). Siehe Übungsaufgabe 3.7 hinsichtlich eines anderen Eindeutigkeitsbeweises. Dieser stellt zusammen mit dem Satz [Peano] eine Alternative zur Anwendung des Banachschen Fixpunktsatzes dar.

Definition (Lokale Lipschitz-Stetigkeit)

Die Funktion $\Psi : U \to \mathbb{R}^n$ heißt **lokal Lipschitz-stetig (lokal L-stetig) bzgl. x gleichförmig in t**, wenn für jede kompakte Teilmenge $V \subset U$ gilt:

$$L(V) := \sup_{(t,x),(t,\tilde{x}) \in V;\, x \neq \tilde{x}} \frac{\|\Psi(t,x) - \Psi(t,\tilde{x}\|}{\|x - \tilde{x}\|} < \infty$$

Dabei heißt $L(V)$ **Lipschitz-Konstante** von Ψ in V. Da $L(V)$ nicht explizit von t abhängt, fügt man beim Begriff der lokalen Lipschitz-Stetigkeit bzgl. x den Zusatz „gleichförmig in t" hinzu.

Entsprechend gilt diese Definition einschließlich des nächsten Lemmas und der anschließenden Folgerung ohne die Variable t sowie mit irgendeiner Variablen anstelle von $t \in \mathbb{R}$. Hier und fortan bezeichne $\|\cdot\|$ die euklidische[3] Norm im $\mathbb{R}^n$. Man könnte aber auch andere Normen des $\mathbb{R}^n$ benutzen. Der lokale Charakter jener Definition kommt im folgenden Lemma zum Ausdruck.

Lemma (Charakterisierung lokaler L-Stetigkeit) *Es sei $\Psi : U \to \mathbb{R}^n$ stetig. Dann ist Ψ genau dann lokal L-stetig bzgl. x gleichförmig in t, wenn zu jedem $(t^*, x^*) \in U$ eine Umgebung $U^* \subset U$ existiert mit*

$$L^* := \sup_{(t,x),(t,\tilde{x}) \in U^*;\, x \neq \tilde{x}} \frac{\|\Psi(t,x) - \Psi(t,\tilde{x})\|}{\|x - \tilde{x}\|} < \infty .$$

Beweisskizze Wir zeigen lediglich eine Richtung der behaupteten Äquivalenz. Die andere ist offensichtlich.

Es sei $V \subset U$ kompakt. Wir nehmen ohne Beschränkung der Allgemeinheit an, dass zu jedem $(t^*, x^*) \in U$ eine offene Umgebung U^* der Form

$$U^* = U^*(\delta^*; t^*, x^*) = \{(t,x) \in U \mid |t - t^*| < \delta^*,\ \|x - x^*\| < \delta^*\} \subset U$$

existiert mit

$$L^* = L^*(\delta^*; t^*, x^*) := \sup_{(x,t),(\tilde{x},t) \in U^*;\, x \neq \tilde{x}} \frac{\|\Psi(t,x) - \Psi(t,\tilde{x})\|}{\|x - \tilde{x}\|} < \infty .$$

[3] Euklid (um 300 v. Chr.); Alexandria

Dann bildet die Gesamtheit der Mengen $U^*(\frac{\delta^*}{2}; t^*, x^*)$, $(t^*, x^*) \in V$, eine offene Überdeckung von V. Da V kompakt ist, existiert nach dem *Satz von Heine*[4]*-Borel*[5] eine endliche Teilüberdeckung:

$$V \subset \bigcup_{j=1}^{j^*} U^*\left(\frac{\delta_j}{2}; t_j, x_j\right) \subset U\,.$$

Ferner existiert eine Konstante $K(V) \in \mathbb{R}$ mit

$$K(V) := \max_{(t,x)\in V} \|\Psi(t,x)\|\,,$$

da Ψ stetig ist. Wir setzen

$$\delta := \min_{1\le j\le j^*}\{\delta_j\} > 0\,, \quad L(V) := \max_{1\le j\le j^*}\left\{L^*(\delta_j; t_j, x_j)\,, \frac{4K(V)}{\delta}\right\}.$$

Damit folgt für $(t,x), (t,y) \in V$ im Fall $\|x-y\| < \frac{\delta}{2}$

$$\|\Psi(t,x) - \Psi(t,y)\| \le L^*(\delta_j; t_j, x_j)\|x-y\|$$

für ein $j \in \{1,\dots,j^*\}$, da $|t-t_j|, \|x-x_j\| < \frac{\delta_j}{2} < \delta_j$ und daher $\|y-x_j\| \le \|y-x\| + \|x-x_j\| < \frac{\delta}{2} + \frac{\delta_j}{2} < \delta_j$ für ein $j \in \{1,\dots,j^*\}$. Im Fall $\|x-y\| \ge \frac{\delta}{2}$ folgt

$$\|\Psi(t,x) - \Psi(t,y)\| \le 2K(V) \le \frac{4K(V)}{\delta}\|x-y\|\,.$$

Also gilt in beiden Fällen

$$\|\Psi(t,x) - \Psi(t,y)\| \le L(V)\|x-y\|\,,$$

d. h. Ψ ist im Sinne der obigen Definition lokal L-stetig bzgl. x gleichförmig in t, wobei $L(V)$ die Lipschitz-Konstante von Ψ in V ist. □

Folgerung (Hinreichende Bedingung für lokale L-Stetigkeit) *Ist $\Psi : U \to \mathbb{R}^n$ stetig differenzierbar und somit auch stetig, dann ist Ψ lokal L-stetig bzgl. x gleichförmig in t. Dies ist eine Konsequenz des Mittelwert-Abschätzungssatzes und des vorigen Lemmas. Dazu wähle man in diesem Lemma für jedes $(t^*, x^*) \in U$ die Umgebung U^* kompakt und konvex, z. B. als Abschluss der in der obigen Beweisskizze verwendeten Umgebung U^* mit $\delta^* > 0$ so klein, dass $\overline{U^*} \subset U$ gilt. Dann gilt mit der von der*

[4] Eduard Heine (1821–1881); Berlin, Bonn, Halle
[5] Emil Borel (1871–1956); Paris

verwendeten Norm des $\mathbb{R}^n$ induzierten Matrixnorm

$$L^* \leq \max_{(t,x)\in\overline{U^*}} \|J_x\Psi(t,x)\| .$$

Dabei bezeichnet $J_x\Psi$ die Jacobi-Matrix von Ψ bzgl. x.

Als Nächstes beweisen wir den folgenden lokalen Existenz- und Eindeutigkeitssatz für die Lösung des AWPs (2.2).

Satz (Picard-Lindelöf, lokale Version) *Es sei $U \subset \mathbb{R} \times \mathbb{R}^n$ offen und $\Psi : U \to \mathbb{R}^n$ stetig sowie lokal L-stetig bzgl. x gleichförmig in t, $(t_0, x_0) \in U$. Dann existiert ein $T_0 > 0$, so dass das AWP* (2.2) *eine eindeutige, lokale Lösung $\varphi(t) = \varphi(t; t_0, x_0)$ für $t \in I_0 = (t_0 - T_0, t_0 + T_0)$ besitzt (**eindeutige lokale Lösbarkeit**), wobei diese Funktion als Lösung der Integralgleichung* (3.1) *stetig auf das abgeschlossene Intervall $\bar{I}_0 = [t_0 - T_0, t_0 + T_0]$ fortsetzbar ist.*

Beweisskizze Für ein noch zu wählendes $T_0 > 0$, betrachten wir den Operator $\mathcal{K} : X \to X$ im Banachraum (vollständiger, normierter Vektorraum)

$$X = C^0(\bar{I}_0, \mathbb{R}^n) = \{\varphi : \bar{I}_0 \to \mathbb{R}^n \mid \varphi \text{ stetig}\}$$

der stetigen Funktionen auf $\bar{I}_0$, versehen mit der **Maximumsnorm**

$$\|\varphi\|_X := \max_{t\in\bar{I}_0} \|\varphi(t)\| .$$

Ferner betrachten wir eine kompakte Teilmenge $V := [t_0 - T, t_0 + T] \times \overline{B_\delta(x_0)} \subset U$, wobei $\overline{B_\delta(x_0)} = \{x \in \mathbb{R}^n \mid \|x - x_0\| \leq \delta\}$ eine abgeschlossene Kugel in $\mathbb{R}^n$ mit Radius $\delta > 0$ ist, und $T > 0$ gilt. Wir setzen

$$L := L(V)\,, \quad K := K(V) = \max_{(t,x)\in V} \|\Psi(t,x)\| < \infty .$$

Mit φ^0 bezeichnen wir die konstante Funktion $\varphi^0 : \bar{I}_0 \to \mathbb{R}^n;\ x \mapsto \varphi^0(x) = x_0$. Als abgeschlossene Teilmenge von X ist die abgeschlossene Kugel

$$C = \overline{B_\delta(\varphi^0)} = \{\varphi \in X \mid \|\varphi - \varphi^0\|_X \leq \delta\} \subset X ,$$

versehen mit der Metrik $d(\varphi, \tilde{\varphi}) := \|\varphi - \tilde{\varphi}\|_X$, ein vollständiger metrischer Raum. Schließlich fixieren wir ein $\Theta \in (0, 1)$ und setzen

$$T_0 = \min\left(T, \frac{\delta}{K}, \frac{\Theta}{L}\right).$$

Damit ist $\mathcal{K}$ ein kontrahierender Operator von C in sich mit Kontraktionskonstante Θ. Denn für $\varphi \in C$ ist $\mathcal{K}(\varphi)$ stetig auf $\bar{I}_0$, und es gilt:

$$\begin{aligned}
d(\mathcal{K}(\varphi), \varphi^0) &= \max_{t \in \bar{I}_0} \|\mathcal{K}(\varphi)(t) - \varphi^0(t)\| \\
&= \max_{t \in \bar{I}_0} \|\int_{t_0}^{t} \Psi(s, \varphi(s))\, ds\| \\
&\leq \max_{t \in \bar{I}_0} \left| \int_{t_0}^{t} \|\Psi(s, \varphi(s))\|\, ds \right| \\
&\leq \max_{t \in \bar{I}_0} (|t - t_0| K) \\
&\leq T_0 K \leq \delta\,, \text{ d.h. } \mathcal{K} : C \to C
\end{aligned}$$

Analog folgt für $\varphi, \tilde{\varphi} \in C$:

$$\begin{aligned}
d(\mathcal{K}(\varphi), \mathcal{K}(\tilde{\varphi})) &= \max_{t \in \bar{I}_0} \|\mathcal{K}(\varphi)(t) - \mathcal{K}(\tilde{\varphi})(t)\| \\
&= \max_{t \in \bar{I}_0} \|\int_{t_0}^{t} \big(\Psi(s, \varphi(s)) - \Psi(s, \tilde{\varphi}(s))\big)\, ds\| \\
&\leq \max_{t \in \bar{I}_0} \left| \int_{t_0}^{t} \|\Psi(s, \varphi(s)) - \Psi(s, \tilde{\varphi}(s))\|\, ds \right| \\
&\leq \max_{t \in \bar{I}_0} \big(|t - t_0|\, L\, d(\varphi, \tilde{\varphi})\big) \\
&\leq T_0\, L\, d(\varphi, \tilde{\varphi}) \;\leq\; \Theta\, d(\varphi, \tilde{\varphi})
\end{aligned}$$

Daher ist $\mathcal{K} : C \to C$ kontrahierend mit Kontraktionskonstante Θ. Nach dem *Banachschen Fixpunktsatz* besitzt $\mathcal{K}$ somit einen eindeutigen Fixpunkt $\varphi(\,\cdot\,; t_0, x_0) \in C$. Diese Funktion ist die eindeutige stetige Lösungsfunktion der Integralgleichung (3.1) in $\bar{I}_0$ und somit die eindeutige Lösung des AWPs (2.2) für t im offenen Intervall I_0. □

Der Beweis des *Banachschen Fixpunktsatzes* wird in der Regel konstruktiv geführt. Man konstruiert eine Folge sukzessiver Approximationen, die im zugrunde liegenden metrischen Raum gegen den eindeutigen Fixpunkt des betreffenden kontrahierenden Operators $\mathcal{K}$ konvergiert (vgl. Übungsaufgabe 3.8). Dies gilt mit einem beliebigen Element des metrischen Raums als Anfangsapproximation. Die $(j+1)$. Approximation ergibt sich als Bild der j. Approximation unter $\mathcal{K}$ für $j = 0, 1, \ldots$, also iterativ durch $(j+1)$-fache Anwendung von $\mathcal{K}$ ausgehend von der Anfangsapproximation. Mit der Anfangsapproximation $\varphi^0(t) \equiv x_0$ führt dies im vorliegenden Kontext auf die folgende Iterationsvorschrift (**Picard-Iteration**):

$$\varphi^{j+1}(t) = \mathcal{K}(\varphi^j)(t) = x_0 + \int_{t_0}^{t} \Psi(s, \varphi^j(s))\, ds\,, \quad t \in \bar{I}_0 \quad (j = 0, 1, 2, \ldots)$$

Die Funktionenfolge $\{\varphi^j\}_{j \in \mathbb{N}_0} \subset C$ heißt **Picard-Folge**. Sie konvergiert gleichmäßig auf $\bar{I}_0$ gegen die Lösungsfunktion $\varphi(\,\cdot\,; t_0, x_0)$ des AWPs (2.2), wobei sämtliche Folgenglieder die Anfangsbedingung $\varphi^j(t_0) = x_0$ erfüllen. Es gilt die **(a-priori) Fehlerabschätzung** $(j \geq 1)$

$$\|\varphi(\,\cdot\,; t_0, x_0) - \varphi^j\|_X \;\leq\; \frac{\Theta^j}{1-\Theta}\|\varphi^1 - \varphi^0\|_X\,.$$

Somit hat man wenigstens die Möglichkeit, die lokale Lösung des AWPs (2.2) analytisch beliebig genau zu approximieren (vgl. Übungsaufgabe 3.1). Darüber hinaus sind die Graphen von den Funktionen φ^j und von deren Grenzfunktion $\varphi(\,\cdot\,; t_0, x_0)$ über $\bar{I}_0$ im Doppelkegel

$$\mathcal{D} : \|x - x_0\| \;\leq\; K|t - t_0|$$

enthalten. Dies folgt analog zur ersten Abschätzung in der vorigen Beweisskizze.

► **Bemerkung** Sei $\varphi(t; t_0, x_0)$, $t \in I = (a, b)$, eine Lösung des AWPs (2.2) mit $t_0 \in I$, welche für $t \in [a, b]$ definiert und dort stetig ist mit $(b, \varphi(b; t_0, x_0)) \in U$. Unter den Voraussetzungen des Satzes [Picard-Lindelöf, lokale Version] lässt sich diese wie folgt von $t = b$ aus nach rechts durch die lokale Lösungsfunktion $\varphi(t; \tilde{t}_0, \tilde{x}_0)$ zu den Anfangsdaten $\tilde{t}_0 = b$, $\tilde{x}_0 = \varphi(b; t_0, x_0)$ auf ein größeres Existenzintervall $[a, \tilde{b}]$ mit einem $\tilde{b} > b$ fortsetzen. Die Fortsetzung ist eindeutig, wobei gilt:

$$\varphi(t; t_0, x_0) := \varphi(t; \tilde{t}_0, \tilde{x}_0) = \varphi(t; b, \varphi(b; t_0, x_0))\,, \quad t \in [b, \tilde{b}]$$

Denn die fortgesetzte Funktion ist für $t \in [a, \tilde{b}]$ stetig und löst für alle t aus diesem Intervall die Integralgleichung (3.1), also im Inneren dieses Intervalls die GDG in (2.2), da für $t \geq b$ gilt:

$$\varphi(t; \tilde{t}_0, \tilde{x}_0) = \varphi(b; t_0, x_0) + \int_{b}^{t} \Psi(s, \varphi(s; \tilde{t}_0, \tilde{x}_0))\, ds$$

mit

$$\varphi(b; t_0, x_0) = x_0 + \int_{t_0}^{b} \Psi(s, \varphi(s; t_0, x_0))\, ds$$

Die Eindeutigkeit der Fortsetzung ist eine Konsequenz der Eindeutigkeit der lokalen Lösung $\varphi(t; \tilde{t}_0, \tilde{x}_0)$. Analog lässt sich $\varphi(t; t_0, x_0)$, $t \in (a, b)$, von $t = a$ aus nach links als Lösung des AWPs (2.2) fortsetzen, wenn $(a, \varphi(a; t_0, x_0)) \in U$. Auch diese Fortsetzung ist eindeutig.

Eine wichtige Forderung an ein Differentialgleichungsproblem ist die **Wohlgestelltheit im Sinne von Hadamard**[6], d. h. neben Existenz und Eindeutigkeit der Lösung auch deren stetige Abhängigkeit von den Daten. Letzterem wenden wir uns nächstfolgend zu. Neben den Anfangsdaten t_0 und x_0 gehören auch die Werte eines zusätzlichen Parameters $\mu \in \Lambda \subset \mathbb{R}^p$, $p \in \mathbb{N}$, von dem $\Psi = \Psi(t, x, \mu)$ möglicherweise abhängt, zu den Daten des AWPs (2.2).

Lemma (Stetige Abhängigkeit von den Daten) *Es sei $U \times \Lambda \subset \mathbb{R} \times \mathbb{R}^n \times \mathbb{R}^p$ offen und $\Psi : U \times \Lambda \to \mathbb{R}^n$ stetig sowie lokal L-stetig in $U \times \Lambda$ bzgl. x gleichförmig in t und μ.*

a) Dann existiert zu jedem $(t_0^*, x_0^*, \mu^*) \in U \times \Lambda$ eine Umgebung V_0^* und ein $T_0^* > 0$, so dass die lokale Lösungsfunktion $\varphi(t; t_0, x_0, \mu)$ des AWPs (2.2) überall auf $\bar{I}_0^* \times V_0^*$ eindeutig definiert und dort bzgl. aller Argumente stetig (bzgl. $t \in I_0^*$ stetig differenzierbar) ist, wobei $I_0^* = (t_0^* - T_0^*, t_0^* + T_0^*)$ gilt.

b) Mit den Bezeichnungen aus a) gelte

$$\left(t_0^* \pm T_0^*, \varphi(t_0^* \pm T_0^*; t_0^*, x_0^*, \mu^*), \mu^*\right) \in \mathring{V}_\pm^*,$$

wobei $V_\pm^*$ und $I_\pm^* = (t_\pm^* - T_\pm^*, t_\pm^* + T_\pm^*)$ zu Punkten $(t_\pm^*, x_\pm^*, \mu_\pm^*) \in U \times \Lambda$ gemäß a) existierende Umgebungen bzw. Intervalle bezeichnen. Dann existieren Umgebungen $\tilde{V}_\pm^* \subset V_0^*$ des Punkts $(t_0^*, x_0^*, \mu^*) \in V_0^*$, so dass die Lösungsfunktion $\varphi(t; t_0, x_0, \mu)$ überall auf $(\bar{I}_0^* \cup \bar{I}_\pm^*) \times \tilde{V}_\pm^*$ eindeutig definiert und dort bzgl. aller Argumente stetig (bzgl. $t \in I_0^* \cup I_\pm^*$ stetig differenzierbar) ist. Dasselbe gilt auf $(\bar{I}_0^* \cup \bar{I}_+^* \cup \bar{I}_-^*) \times (\tilde{V}_+^* \cap \tilde{V}_-^*)$.

Beweis a) Im Beweis des vorigen Satzes lassen sich die Konstanten T, δ, L, K und Θ einheitlich für alle (t_0, x_0, μ) aus einer geeigneten Umgebung V_0^* von $(t_0^*, x_0^*, \mu^*) \in U \times \Lambda$ wählen. Mithin lässt sich ein (hinreichend kleines) $T_0^* > 0$ finden, so dass die Glieder $\varphi^j(t; t_0, x_0, \mu)$ der entsprechenden Picard-Folgen auf $\bar{I}_0^* \times V_0^*$ definiert und stetig sind sowie dort gleichmäßig gegen die Lösungsfunktion $\varphi(t; t_0, x_0, \mu)$ von (2.2) konvergieren. Also ist auch Letztere dort stetig. Als Lösungsfunktion des AWPs (2.2) ist $\varphi(t; t_0, x_0, \mu)$ bzgl. t im offenen Intervall I_0^* stetig differenzierbar.

[6] Jaques Hadamard (1865–1963); Bordeaux, Paris

b) Da $\varphi = \varphi(t; t_0, x_0, \mu)$ auf $\bar{I}_0^* \times V_0^*$ bzgl. aller Argumente stetig ist, existieren aufgrund der Annahme Umgebungen $\tilde{V}_\pm^*$ von (t_0^*, x_0^*, μ^*), so dass

$$\big(t_0^* \pm T_0^*, \varphi(t_0^* \pm T_0^*; t_0, x_0, \mu), \mu\big) \in \mathring{V}_\pm^*$$

für alle $(t_0, x_0, \mu) \in \tilde{V}_\pm^*$ gilt. Somit ist die Funktion

$$\varphi(t; t_0, x_0, \mu) := \varphi\big(t; t_0^* \pm T_0^*, \varphi(t_0^* \pm T_0^*; t_0, x_0, \mu), \mu\big)$$

für $(t, t_0, x_0, \mu) \in \bar{I}_\pm^* \times \tilde{V}_\pm^*$ erklärt und als Komposition stetiger Funktionen dort bzgl. aller Argumente stetig (nach (3.1) bzgl. $t \in I_\pm^*$ stetig differenzierbar). Nach der Bemerkung im Anschluss an den Satz [Picard-Lindelöf, lokale Version] stellt sie dort die eindeutige Lösungsfunktion dar und ist eine Fortsetzung von $\varphi|_{\bar{I}_0^* \times \tilde{V}_\pm^*}$, falls $I_\pm^*$ nicht Teilmengen von I_0^* sind. Dasselbe gilt auf $(\bar{I}_0^* \cup \bar{I}_+^* \cup \bar{I}_-^*) \times (\tilde{V}_+^* \cap \tilde{V}_-^*)$. □

Der Übersichtlichkeit wegen betrachten wir im Folgenden wieder das parameterfreie AWP (2.2) und stellen die Frage, wie weit sich eine lokale Lösung mit Existenzintervall I_0 als Lösung fortsetzen lässt. Mit anderen Worten: Wir suchen das maximale Existenzintervall der Lösungen.

Unter den Voraussetzungen des Satzes [Picard-Lindelöf, lokale Version] findet man unter Berücksichtigung der anschließenden Bemerkung, dass sich für jedes $(t_0, x_0) \in U$ die lokale Lösungsfunktion $\varphi(t; t_0, x_0)$ innerhalb $\mathcal{D} \cap V$ von $t_0 \pm T_0$ aus nach rechts bzw. nach links eindeutig auf das abgeschlossene t-Intervall $\tilde{I}_0 = [t_0 - \tilde{T}_0, t_0 + \tilde{T}_0]$ mit $\tilde{T}_0 = \min(T, \frac{\delta}{K})$ fortsetzen lässt, falls nicht eh schon $T_0 \geq \tilde{T}_0$ gilt. Gilt nämlich $T_0 = \frac{\Theta}{L} < \tilde{T}_0$ und beispielsweise $(\tilde{t}_0, \tilde{x}_0) \in \mathcal{D} \cap \mathring{V}$ mit $\tilde{t}_0 = t_0 + T_0$ und $\tilde{x}_0 = \varphi(t_0 + T_0; t_0, x_0)$, dann liefert die Anwendung des *Banachschen Fixpunktsatzes* analog zu oben die Existenz der lokalen Lösungsfunktion $\varphi(t; \tilde{t}_0, \tilde{x}_0)$ wenigstens für $|t - \tilde{t}_0| \leq \min(\tilde{T}_0 - T_0, \frac{\Theta}{L})$, indem man anstelle von V und $\mathcal{D}$ die Menge $\tilde{V} = [\tilde{t}_0 - \tilde{T}, \tilde{t}_0 + \tilde{T}] \times \overline{B_{\tilde{\delta}}(\tilde{x}_0)}$ mit $\tilde{T} = T - \tilde{T}_0$, $\tilde{\delta} = \delta - \|x_0 - \tilde{x}_0\|$ bzw. den Doppelkegel $\tilde{\mathcal{D}} : \|x - \tilde{x}_0\| \leq K|t - \tilde{t}_0|$ wählt. Wir wählen dieselben Konstanten K, L und Θ wie zuvor im Fall von V. Dies ist möglich, da $\tilde{V} \subset V$ gilt. Es folgt $\tilde{\mathcal{D}} \cap \{(t, x) \in \mathbb{R} \times \mathbb{R}^n \mid t \geq \tilde{t}_0\} \subset \mathcal{D}$ und somit $(t, \varphi(t; \tilde{t}_0, \tilde{x}_0)) \in \mathcal{D} \cap V$ für $|t - \tilde{t}_0| \leq \min(\tilde{T}_0 - T_0, \frac{\Theta}{L})$. Durch $\varphi(t; t_0, x_0)$ wird also entweder das Ziel der Fortsetzung von $\varphi(t; t_0, x_0)$ innerhalb $\mathcal{D} \cap V$ bis $t = t_0 + \tilde{T}_0$ erreicht, oder der Abstand bis dorthin verringert sich um $T_0 = \frac{\Theta}{L}$ auf $\tilde{T}_0 - 2T_0$. Spätestens nach endlich vielen derartigen Fortsetzungsschritten ist man für $t \geq t_0$ am Ziel; entsprechend für $t \leq t_0$. Im Folgenden bezeichnen wir das sich auf diese Weise ergebende Existenzintervall der lokalen Lösungsfunktion $\varphi(t; t_0, x_0)$ wieder mit $\bar{I}_0 = [t_0 - T_0, t_0 + T_0]$.

Satz (Maximale Fortsetzung der lokalen Lösung) *Unter den Voraussetzungen des Satzes [Picard-Lindelöf, lokale Version] hat das AWP* (2.2) *für alle* $(t_0, x_0) \in U$ *eine eindeutige Lösung* $\varphi(t; t_0, x_0)$ *mit einem maximalen Existenzintervall* $J = (a, b)$,

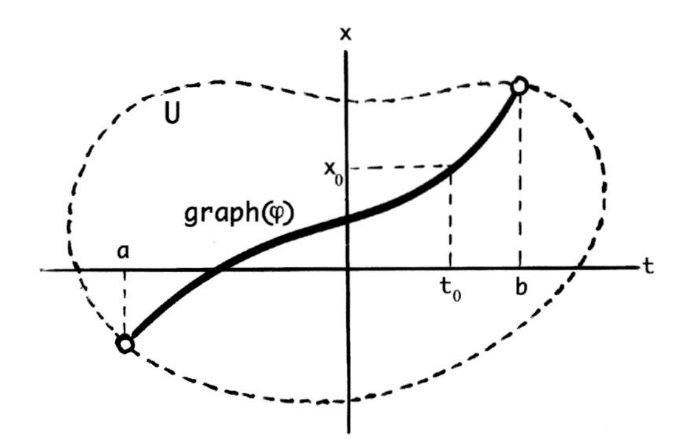

Abb. 3.1 Schematische Darstellung der Integralkurve zur Lösung φ des AWPs (2.2) mit maximalem Existenzintervall $J = (a, b)$ unter den Voraussetzungen von Satz [Picard-Lindelöf, lokale Version]

$a = -\infty$ oder $b = \infty$ nicht ausgeschlossen. Asymptotisch für $t \downarrow a$ und für $t \uparrow b$, kommt diese Lösung bzw. die entsprechende Integralkurve $\text{graph}(\varphi(\cdot, t_0, x_0)) \subset U$ (innerhalb von U) dem Rand ∂U oder dem Unendlichen beliebig nahe (vgl. Abb. 3.1), d. h. es trifft wenigstens eine der folgenden Alternativen zu. Es gilt $a = -\infty$ bzw. $b = \infty$ oder es existiert eine Folge $\{t_k\}_{k \in \mathbb{N}} \subset J$, so dass gilt: $t_k \downarrow a$ bzw. $t_k \uparrow b$ und $\text{dist}(\varphi(t_k; t_0, x_0), \partial U) \to 0$ oder $\|\varphi(t_k; t_0, x_0)\| \to \infty$ für $k \to \infty$. Dabei bezeichnet „dist" die Abstandsfunktion eines Punktes von einer Teilmenge des $\mathbb{R}^n$ wie im letzten Kapitel definiert. Die durch die Gesamtheit der Lösungsfunktionen $\varphi(t; t_0, x_0)$, $(t_0, x_0) \in U$, im jeweils maximalen Existenzintervall erklärte Fundamentallösung der GDG in (2.2) ist in ihrem Existenzbereich bzgl. aller Argumente stetig (bzgl. t stetig differenzierbar). Unter den Voraussetzungen des vorigen Lemmas gilt dies einschließlich der Abhängigkeit vom Parameter $\mu \in \Lambda \subset \mathbb{R}^p$.

Beweis Für jedes $(t_0, x_0) \in U$ definieren wir das t-Intervall $J = (a, b)$ als Vereinigung aller offenen, zusammenhängenden Intervalle I, welche das (t_0, x_0) entsprechende t-Intervall $\bar{I}_0$ enthalten und auf welche sich die lokale Lösung von (2.2) zum Anfangspunkt (t_0, x_0) fortsetzen lässt. Mit φ_I bezeichnen wir die zugehörige Fortsetzungsfunktion. Die eindeutige lokale Lösbarkeit von (2.2) impliziert, dass für je zwei dieser Fortsetzungsfunktionen gilt: $\varphi_I(t) = \varphi_{\tilde{I}}(t)$ für alle $t \in I \cap \tilde{I}$. Sonst hätte die nicht-leere, offene und zusammenhängende Menge $\{t \in I \cap \tilde{I} \mid \varphi_I(t) = \varphi_{\tilde{I}}(t)\}$ ein Infimum oder ein Supremum, welches in $I \cap \tilde{I}$ enthalten ist. Aber dann wären die Werte der beiden Funktionen aus Stetigkeitsgründen auch dort und folglich im Widerspruch zur Definition des Infimums und des Supremums jeweils in einer vollen Umgebung identisch (vgl. Bemerkung zu Satz [Picard-Lindelöf, lokale Version]). Somit ist durch $\varphi(t) = \varphi_I(t)$ für $t \in J \cap I$ auf J eine eindeutige Fortsetzung $\varphi = \varphi(t; t_0, x_0)$ der lokalen Lösung von (2.2) definiert, und das oben definierte Fortsetzungsintervall J ist als Existenzintervall der betreffenden Lösung maximal, da es nach Konstruktion jedes andere Existenzintervall dieser Lösung umfasst.

Die Aussage des Satzes über das asymptotische Verhalten von φ beweisen wir für den Fall $t \uparrow b$. Im Fall $t \downarrow a$ argumentiert man analog. Wir nehmen an, dass der von t_0 aus gesehen bzgl. t nach rechts verlaufende Teil der Integralkurve graph$(\varphi(\,\cdot\,; t_0, x_0))$ in irgendeiner kompakten Teilmenge $V \subset \mathbb{R} \times \mathbb{R}^n$ enthalten ist, also nicht dem Unendlichen beliebig nahe kommt. Dann existiert nach dem *Satz von Bolzano*[7]*-Weierstraß*[8] eine Folge $\{t_k\}_{k\in\mathbb{N}} \subset J$, so dass $t_k \uparrow b < \infty$ und $\varphi(t_k; t_0, x_0) \to x_0^*$ für $k \to \infty$, wobei $(b, x_0^*) \in V \cap \bar{U}$ gilt, d. h. entweder $(b, x_0^*) \in \partial U$ oder $(b, x_0^*) \in U$, da U offen ist. Falls $(b, x_0^*) \in U$ gelten würde, existierte nach Teil a) des Lemmas [Stetige Abhängigkeit von den Daten] eine Umgebung V^* von $(b, x_0^*) \in U$ und ein $T^* > 0$, so dass $\varphi(t; t_0, x_0)$ durch die lokale Lösung zu den Anfangswerten $\tilde{t}_0 = t_k$ und $\tilde{x}_0 = \varphi(t_k; t_0, x_0)$ mit $(\tilde{t}_0, \tilde{x}_0) \in V^*$, d. h. k hinreichend groß, auf das Intervall $J \cup I^*$, mit $I^* = (b - T^*, b + T^*)$, fortgesetzt werden kann. Dies widerspricht aber der Maximalität von J als Existenzintervall dieser Lösung. Immer wenn der nach rechts verlaufende Teil von graph$(\varphi(\,\cdot\,; t_0, x_0)) \subset U$ nicht dem Unendlichen beliebig nahe kommt, gilt also $(b, x_0^*) \in \partial U$, d. h. dann kommt er ∂U beliebig nahe.

Schließlich beweisen wir mittels des vorigen Lemmas die Stetigkeitsaussage des Satzes. Es sei (t^*, t_0^*, x_0^*) irgendein Element des Existenzbereichs der Fundamentallösung $\varphi(t; t_0, x_0)$ der GDG in (2.2). Wir zeigen, dass $\varphi(t; t_0, x_0)$ in einer Umgebung des Punktes $(t^*, t_0^*, x_0^*) \in \mathbb{R} \times U$ und somit überall im Existenzbereich stetig (bzgl. t setig differenzierbar) ist. Für $t^* = t_0^*$ haben wir dies mit Teil a) des vorigen Lemmas bereits erledigt. Hier betrachten wir den Fall $t^* > t_0^*$. Im Fall $t^* < t_0^*$ argumentiert man analog. Es gilt $t^*, t_0^* \in J$, wobei J das maximale Existenzintervall der Lösung $\varphi_0(t) := \varphi(t; t_0^*, x_0^*)$ von (2.2) ist. Da J zusammenhängend und offen ist, gilt $[t_0^*, t^*] \subset J$ sowie $(\tilde{t}_0^*, \varphi_0(\tilde{t}_0^*)) \in U$ für alle $\tilde{t}_0^* \in [t_0^*, t^*]$. Die zu diesen Punkten gemäß Teil a) des vorigen Lemmas existierenden Umgebungen und Intervalle bezeichnen wir mit $\tilde{V}_0^*$ bzw. $\tilde{I}_0^* = (\tilde{t}_0^* - \tilde{T}_0^*, \tilde{t}_0^* + \tilde{T}_0^*)$. Diese wählen wir ohne Beschränkung der Allgemeinheit so, dass jeweils $\tilde{V}_0^* \subset [\tilde{t}_0^* - \frac{\tilde{T}_0^*}{2}, \tilde{t}_0^* + \frac{\tilde{T}_0^*}{2}] \times \mathbb{R}^n$ gilt. Offensichtlich bilden dann die inneren Kerne $\mathring{\tilde{V}}_0^*$ der Umgebungen $\tilde{V}_0^*$, $\tilde{t}_0^* \in [t_0^*, t^*]$, eine offene Überdeckung der Integralkurve graph$(\varphi_0) \subset U$ im Bereich des Parameterintervalls $[t_0^*, t^*]$. Da dieses Kurvenstück kompakt ist, existiert eine endliche Teilüberdeckung $\mathring{V}_j^*$ $(j = 1, \ldots, j^*;\ j^* \in \mathbb{N})$, wobei wir folgende Bezeichnungen einführen: V_j^* bezeichnet jeweils die betreffende Umgebung $\tilde{V}_0^*$; entsprechend schreiben wir jeweils t_j^* für $\tilde{t}_0^* \in [t_0^*, t^*]$, T_j^* für $\tilde{T}_0^*$ und I_j^* für das Intervall $\tilde{I}_0^*$. Die Bezeichnungen t_0^*, V_0^*, I_0^* und T_0^* übernehmen wir aus Teil a) des vorigen Lemmas. Dabei wird nicht ausgeschlossen, dass $t_0^* \in \{t_j^* \,|\, 1 \le j \le j^*\}$ gilt. Wir setzen

$$T^* := \min_{1 \le j \le j^*} (T_j^*) > 0\,.$$

[7] Bernard Bolzano (1781–1848); Prag

[8] Karl Weierstraß (1815–1897); Münster, Braunschweig, Berlin

Es sei $t_0^* + T_0^* < t^*$. Wegen $\varphi(t_0^* + T_0^*; t_0^*, x_0^*) = \varphi_0(t_0^* + T_0^*)$ und der festgestellten Überdeckungseigenschaft der $\overset{\circ}{V}{}_j^*$ existiert dann ein $j_1 \in \{1, \dots, j^*\}$, so dass

$$\left(t_0^* + T_0^*; \varphi(t_0^* + T_0^*; t_0^*, x_0^*)\right) \in \overset{\circ}{V}{}_{j_1}^*$$

gilt. Nach Teil b) des vorigen Lemmas gibt es also eine Umgebung $\tilde{V}_+^* \subset V_0^*$ von (t_0^*, x_0^*), so dass sich $\varphi|_{\bar{I}_0^* \times V_0^*}$ stetig (bzgl. $t \in I_0^* \cup I_{j_1}^*$ stetig differenzierbar) auf $(\bar{I}_0^* \cup \bar{I}_{j_1}) \times \tilde{V}_+^*$ fortsetzen lässt. Dabei ist die Länge des Intervalls $\bar{I}_0^* \cup \bar{I}_{j_1}^*$ wenigstens um den von j $(1 \leq j \leq j^*)$ unabhängigen Betrag $\frac{T^*}{2}$ größer als die von $\bar{I}_0^*$, da

$$V_{j_1}^* \subset \left[t_{j_1}^* - \frac{T_{j_1}^*}{2}, t_{j_1}^* + \frac{T_{j_1}^*}{2}\right] \times \mathbb{R}^n \quad \text{und}$$

$$I_{j_1}^* = (t_{j_1}^* - T_{j_1}^*, t_{j_1}^* + T_{j_1}^*) \quad \text{gilt.}$$

Durch endlich viele derartige Fortsetzungsschritte und geeigneter Verkleinerung der Umgebung $\tilde{V}_+^*$ von (t_0^*, x_0^*) bei jedem Schritt gelangt man sukzessive zur eindeutigen stetigen (bzgl. $t \in I^*$ stetig differenzierbaren) Fortsetzung von $\varphi|_{\bar{I}_0^* \times V_0^*}$ auf $\bar{I}^* \times \tilde{V}_+^*$, wobei $I^* = I_0^* \cup I_{j_1}^* \cup \dots \cup I_{j_k}^*$, $k \in \mathbb{N}$, mit gewissen $j_1, \dots, j_k \in \{1, \dots, j^*\}$ und $[t_0^*, t^*] \subset I^*$. Damit ist die Stetigkeit (bzgl. t stetige Differenzierbarkeit) von $\varphi(t; t_0, x_0)$ in einer Umgebung von (t^*, t_0^*, x_0^*) gezeigt. □

Im Folgenden betrachten wir den Spezialfall eines Rechteckgebiets $U = J \times \mathbb{R}^n$, wobei $J \subset \mathbb{R}$ ein offenes Intervall sei. Der obige Fortsetzungssatz schließt nicht aus, dass in diesem Fall das maximale Existenzintervall einer Lösung des AWPs (2.2) eine echte Teilmenge von J ist. Um dies auszuschließen, verschärfen wir nun die Voraussetzungen an $\Psi = \Psi(t, x)$.

Definition (Lineare Beschränktheit)

Die Funktion $\Psi : J \times \mathbb{R}^n \to \mathbb{R}^n$ heißt **linear beschränkt bzgl. x**, falls nicht-negative Funktionen $\alpha, \beta : J \to \mathbb{R}$ existieren, so dass gilt:

$$\|\Psi(t, x)\| \leq \alpha(t) \|x\| + \beta(t), \quad (t, x) \in J \times \mathbb{R}^n$$

Definition (Globale Lipschitz-Stetigkeit)

Die Funktion $\Psi : J \times \mathbb{R}^n \to \mathbb{R}^n$ heißt **(global) Lipschitz-stetig (L-stetig) bzgl. x gleichförmig in t**, wenn es eine (globale) Lipschitz-Konstante $0 < L < \infty$ gibt, so dass gilt:

$$\sup_{\substack{(t,x),(t;\tilde{x}) \in J \times \mathbb{R}^n \\ x \neq \tilde{x}}} \frac{\|\Psi(t, x) - \Psi(t, \tilde{x})\|}{\|x - \tilde{x}\|} \leq L$$

Auch diese beiden Definitionen gelten entsprechend ohne die Variable t sowie mit irgendeiner Variablen anstelle von $t \in \mathbb{R}$. Ist die Funktion $\Psi : J \times \mathbb{R}^n \to \mathbb{R}^n$ (global) Lipschitz-stetig bzgl. x gleichförmig in t, dann ist sie offensichtlich auch linear beschränkt bzgl. x mit $\alpha(t) \equiv L$ und $\beta(t) = \Psi(t, 0)$.

Satz (Picard-Lindelöf, globale Version) *Es sei $\Psi : J \times \mathbb{R}^n \to \mathbb{R}^n$ stetig sowie alternativ*

a) global L-stetig bzgl. x gleichförmig in t

oder

b) lokal L-stetig bzgl. x gleichförmig in t und linear beschränkt mit nicht-negativen Funktionen $\alpha, \beta : J \to \mathbb{R}$, welche auf kompakten Teilmengen von J beschränkt sind.

Dann existiert eine eindeutige Lösung $x = \varphi(t; t_0, x_0)$, $t \in J$, des AWPs (2.2) für alle $(t_0, x_0) \in J \times \mathbb{R}^n$. Also ist J hier das maximale Existenzintervall aller Lösungen. Die Lösungsfunktion φ ist bzgl. all ihrer Argumente im gesamten Definitionsbereich stetig. Unter den Voraussetzungen des vorigen Lemmas gilt dies wieder einschließlich der Abhängigkeit vom Parameter $\mu \in \Lambda \subset \mathbb{R}^p$.

Beweisskizze Wir führen den Beweis konstruktiv (vgl. Übungsaufgabe 3.9) und unter der schwächeren Alternative b) der im Satz genannten Voraussetzungen. In diesem Fall kann man die Wahl der zur Disposition stehenden Größen im Beweis von Satz]Picard-Lindelöf, lokale Version] wie folgt modifizieren. Sei $[\tilde{a}, \tilde{b}] \subset J$, $-\infty < \tilde{a} < \tilde{b} < \infty$, $t_0 \in (\tilde{a}, \tilde{b})$ und

$$\sup_{t \in [\tilde{a}, \tilde{b}]} \alpha(t) \leq \alpha < \infty$$

$$\sup_{t \in [\tilde{a}, \tilde{b}]} \beta(t) \leq \beta < \infty$$

mit $\alpha > 0$ und $\beta \geq 0$. Für irgendein $x_0 \in \mathbb{R}^n$ wählen wir δ beispielsweise so groß, dass

$$\frac{\delta}{\alpha\delta + \alpha\|x_0\| + \beta} > \frac{1}{2\alpha}$$

gilt, und setzen

$$\tilde{T}_0 = \min\left(t_0 - \tilde{a},\ \tilde{b} - t_0,\ \frac{1}{2\alpha}\right) \quad \text{sowie}$$

$$V = [t_0 - \tilde{T}_0, t_0 + \tilde{T}_0] \times \overline{B_\delta(x_0)}\,, \quad L = L(V)\,,$$

$$K_{x_0} = \alpha\delta + \alpha\|x_0\| + \beta \geq \max_{(t,x) \in V} \|\Psi(t, x)\| \quad \text{und}$$

$$T_0 = \min\left(\tilde{T}_0, \frac{\Theta}{L}\right) \text{ für ein } \Theta \in (0, 1)\,.$$

Somit lässt sich die lokale Lösungsfunktion $\varphi(t; t_0, x_0)$ wie oben unmittelbar vor dem Satz [Maximale Fortsetzung der lokalen Lösung] beschrieben, eindeutig auf das Intervall $\bar{I}_0 = [t_0 - \tilde{T}_0, t_0 + \tilde{T}_0]$ fortsetzen, denn nach Wahl von δ gilt $\tilde{T}_0 \le \frac{1}{2\alpha} \le \frac{\delta}{K_{x_0}}$. Da α unabhängig von $t_0 \in (\tilde{a}, \tilde{b})$ und $x_0 \in \mathbb{R}^n$ ist, lässt sich dieses Argument mit der nötigen Modifikation von t_0, x_0 und δ endlich oft wiederholen, um die Lösungsfunktion $\varphi(t; t_0, x_0)$ schließlich auf das ganze Intervall $[\tilde{a}, \tilde{b}]$ eindeutig fortzusetzen. Auf diese Weise lässt sich also jedes $t \in J$ erfassen, indem man $[\tilde{a}, \tilde{b}]$ hinreichend groß wählt. Die Stetigkeitseigenschaften von φ ergeben sich analog zum Beweis des Satzes [Maximale Fortsetzung der lokalen Lösung]. □

► **Bemerkung** Mit $J = \mathbb{R}$ impliziert dieser Satz, dass das AWP (2.2) für beliebige Anfangsdaten $(t_0, x_0) \in \mathbb{R} \times \mathbb{R}^n$ eine globale Lösung besitzt. Während durch den Satz ein unbegrenztes Wachstum der Lösungen im Inneren eines beliebigen offenen Intervalls J ausgeschlossen wird, ist dies bei Annäherung von t an die Endpunkte von J bzw. für $t \to \pm\infty$ nicht so. Ein interessanter Spezialfall von b) in diesem Zusammenhang ist gegeben, wenn Ψ beschränkt ist, d. h. $\|\Psi(t, x)\| \le K$ für alle $(t, x) \in J \times \mathbb{R}^n$ bzw. $\alpha(t) \equiv 0$ und $\beta(t) \equiv \beta = K =$ konst. Dann sieht man mittels einer Abschätzung analog zum Beweis von Satz [Picard-Lindelöf, lokale Version], dass die zu einer Lösung $\varphi(t; t_0, x_0)$ gehörende Integralkurve für alle $t \in J$ im Doppelkegel $\mathcal{D} : \|x - x_0\| \le K|t - t_0|$ enthalten ist und somit höchstens für $t \to \pm\infty$ unbegrenzt wachsen kann. Dasselbe gilt in diesem Fall für die Graphen der Glieder der Picard-Folge, und man kann zeigen, dass diese dann gleichmäßig auf kompakten Teilintervallen von J gegen $\varphi(t; t_0, x_0)$ konvergieren. Diese Konvergenzaussage gilt genauso im Fall a). Dagegen existiert hier im Allgemeinen keine Wachstumsschranke in Form einer Einschließung in einen Doppelkegel $\mathcal{D}$ (vgl. Übungsaufgabe 3.10). Ist J beschränkt und Ψ sowohl beschränkt als auch global L-stetig bzgl. x gleichförmig in t, dann konvergiert die Picard-Folge sogar auf ganz J gleichmäßig gegen $\varphi(t; t_0, x_0)$ (siehe Übungsaufgabe 3.11).

Ist Ψ beschränkt, kann man im Fall b) direkt mit dem Doppelkegel $\mathcal{D}$ arbeiten und den obigen Beweis von Satz [Picard-Lindelöf, lokale Version] vereinfachen, indem man die Mengen V und C bezüglich eines beliebigen Intervalls $[\tilde{a}, \tilde{b}] \subset J$, $t_0 \in (\tilde{a}, \tilde{b})$, wie folgt wählt: $V = \{(t, x) \in \mathcal{D} \,|\, \tilde{a} \le t \le \tilde{b}\}$ und $C = \{\varphi \in X \mid \varphi(t) \in \mathcal{D},\ t \in \bar{I}_0\}$ mit $I_0 = (t_0 - T_0, t_0 + T_0)$, $T_0 = \min(t_0 - \tilde{a}, \tilde{b} - t_0, \frac{\Theta}{L})$, $L = L(V)$ und $\Theta \in (0, 1)$. Die sich auf diese Weise mittels des *Banachschen Fixpunktsatzes* ergebende lokale Lösung $\varphi(t; t_0, x_0)$ lässt sich dann wiederum bis zu jedem $t \in [\tilde{a}, \tilde{b}]$ in endlich vielen Schritten innerhalb von $\mathcal{D}$ fortsetzen und folglich bis zu jedem $t \in J$.

Im Fall a) lässt sich der obige Beweis ebenso vereinfachen. Dann kann man auf die Kompaktheit von V verzichten und bezüglich eines beliebigen Teilintervalls $[\tilde{a}, \tilde{b}] \subset J$ mit $t_0 \in (\tilde{a}, \tilde{b})$, $V = [\tilde{a}, \tilde{b}] \times \mathbb{R}^n$ sowie $C = X$ setzen, mit I_0 und T_0 wie zuvor, wobei L nun die globale Lipschitz-Konstante von Ψ bezeichne. Somit ist nach wie vor der *Banach-*

sche Fixpunktsatz anwendbar, um eine lokale Lösung $\varphi(t; t_0, x_0)$ zu bestimmen und diese innerhalb von V entsprechend fortzusetzen, folglich also wiederum bis zu jedem $t \in J$.

In Kap. 4 behandeln wir eine spezielle Beispielklasse von GDGn mit linear beschränktem Ψ, nämlich lineare GDGn 1. Ordnung im $\mathbb{R}^n$.

3.2 Glattheit der Lösungen

Grob gesprochen stellt sich heraus, dass die Fundamentallösung einer GDG 1. Ordnung im Fall ihrer Existenz in all ihren Argumenten mindestens so glatt ist wie die rechte Seite Ψ der GDG. Abgesehen vom analytischen Fall beweisen wir die folgenden Sätze im Anhang nach Bereitstellung des Gronwallschen[9] Lemmas. Wir nennen eine Funktion **analytisch (C^ω-Funktion)**, wenn sie in einer Umgebung eines jeden Punkts ihres Definitionsbereichs in eine konvergente Taylor[10]-Reihe entwickelt werden kann. Entsprechend sind analytische (C^ω-)Vektorfelder und Diffeomorphismen definiert.

Anders als beispielsweise im Buch von Arnold [3] beweisen wir zunächst die Lipschitz-Stetigkeit von Lösungen der betrachteten Anfangswertprobleme und führen den Nachweis ihrer Differenzierbarkeit auf der Basis der Lipschitz-Stetigkeit (Abschn. 6.5). Dadurch lässt sich insbesondere das *Problem der letzten Ableitung* im Sinne von Arnold (siehe [3], §32.6) umgehen.

Satz (Lipschitz-stetige Abhängigkeit von den Daten) *Es sei $U \times \Lambda \subset \mathbb{R} \times \mathbb{R}^n \times \mathbb{R}^p$ $(n, p \in \mathbb{N})$ offen und $\Psi : U \times \Lambda \to \mathbb{R}^n$ stetig sowie lokal L-stetig bzgl. (x, μ) gleichförmig in t, wobei $(t, x, \mu) \in U \times \Lambda$. Dann besitzt die GDG $\dot{x} = \Psi(t, x, \mu)$ für alle $\mu \in \Lambda$ eine Fundamentallösung $\varphi(t; t_0, x_0, \mu)$, welche in ihrem Definitionsbereich bzgl. aller Argumente lokal L-stetig ist.*

Satz (Differenzierbarkeit bzw. Analytizität der Fundamentallösung) *Es sei $U \times \Lambda \subset \mathbb{R} \times \mathbb{R}^n \times \mathbb{R}^p$ $(n, p \in \mathbb{N})$ offen und $\Psi : U \times \Lambda \to \mathbb{R}^n$ eine C^r-Funktion $(1 \le r \le \infty)$. Dann ist die Fundamentallösung $\varphi(t; t_0, x_0, \mu)$ der GDG $\dot{x} = \Psi(t, x, \mu)$ in ihrem gesamten Definitionsbereich bzgl. all ihrer Argumente r-fach stetig differenzierbar. Falls $r < \infty$ ist, besitzt sie darüber hinaus stetige Ableitungen der Ordnung $r + 1$, insoweit diese wenigstens eine Differentiation nach t enthalten. Ist Ψ eine analytische Funktion, dann ist auch die Fundamentallösung jener GDG analytisch.*

Die Existenz und Stetigkeit sämtlicher Ableitungen $(r + 1)$. Ordnung der Fundamentallösung, welche wenigstens eine Differentiation nach t enthalten, folgt aus der r-fachen

[9] Thomas Hakon Gronwall (1877–1932); Schweden
[10] Brook Taylor (1685–1731); Cambridge

stetigen Differenzierbarkeit durch Einsetzen der Fundamentallösung in die Integralgleichung (3.1) und wiederholte Differentiation der resultierenden Gleichung. Der Beweis der C^r-Glattheit der Fundamentallösung ist relativ technisch und wird daher in den Anhang verlagert. Dagegen kann der Beweis ihrer Analytizität analog zu den Beweisen der stetigen Abhängigkeit von den Daten und des Fortsetzungssatzes geführt werden.

Beweis des Satzes im analytischen Fall Es ist natürlich, die Variablen und Parameter einer GDG mit analytischer rechter Seite in einer komplexen Umgebung der reellen Wertebereiche zu betrachten. Die grundlegende Theorie ändert sich dadurch im Wesentlichen nicht (siehe z. B. [13]). Insbesondere sind dann sämtliche Glieder $\varphi^j(t;t_0,x_0,\mu)$ entsprechender Picard-Folgen analytische Funktionen der komplexen Variablen t, t_0, x_0 und μ, und diese Folgen konvergieren lokal gleichmäßig gegen lokale, **komplexe Lösungen** $\varphi(t;t_0,x_0,\mu)$, die somit ebenfalls analytisch sind. Dies zeigt man analog zum Beweis der stetigen Abhängigkeit von jenen Variablen, ebenso wie den Erhalt der Analytizität unter sukzessiver Fortsetzung der lokalen Lösungen $\varphi(t;t_0,x_0,\mu)$ auf die maximalen Existenzbereiche bzgl. t. □

3.3 Ergänzungen zum Konzept des Phasenflusses

In diesem Abschnitt kommen wir auf das in Kap. 2 eingeführte Konzept eines Phasenflusses zurück. Wir betrachten es hier im erweiterten Kontext von nicht-autonomen GDGn. Der Einfachheit halber betrachten wir wieder die parameterfreie GDG (2.1) bzw. das AWP (2.2). Es ist offensichtlich, wie zusätzliche Parameter einzubeziehen sind. Die Sätze im vorigen Abschnitt rechtfertigen insbesondere unsere Generalannahme aus Kap. 2, dass Ψ eine C^1-Funktion ist und die Fundamentallösung $\varphi(t;t_0,x_0)$ der GDG (2.1) somit wohl definiert ist. Das setzen wir auch im Folgenden mindestens voraus.

Definition (Transformation über ein t-Intervall)

Für eine offene Teilmenge $N \subset \mathbb{R}^n$ und $t \gtrless t_0$ sei die Fundamentallösung $\varphi(t;t_0,x_0)$ zu (2.1) auf $[t_0,t] \times N \subset U$ bzw. $[t,t_0] \times N \subset U$ definiert. Dann nennen wir die Abbildung

$$g_{t_0}^t : N \to \varphi(t;t_0,N)\,; \quad x \mapsto g_{t_0}^t x = \varphi(t;t_0,x)$$

die von der GDG (2.1) im Phasenraum (nicht zu verwechseln mit dem erweiterten Phasenraum U von (2.1)) **auf N erzeugte Transformation über das Intervall der unabhängigen Variablen von t_0 bis t.**

Folgerung (Erzeugung von Transformationen im Phasenraum) *Es sei Ψ C^r-glatt $(1 \le r \le \infty)$ bzw. analytisch. Dann existiert zu jedem $(t_0,x_0) \in U$ eine offene Um-*

gebung $N \subset \mathbb{R}^n$ von x_0 und ein $T > 0$ mit $[t_0 - T, t_0 + T] \times N \subset U$, so dass die von (2.1) im Phasenraum auf N erzeugten Transformationen $g^t_{t_0}$ über die Intervalle der unabhängigen Variablen von t_0 bis t, $|t - t_0| \leq T$,

i) definiert sind, wobei für jedes $x_0 \in N$ die Funktion $\varphi(t) = g^t_{t_0} x_0$ eine Lösung des AWPs (2.2) ist
ii) C^r-glatte bzw. analytische (lokale) Diffeomorphismen sind, wobei die zusätzliche Eigenschaft gilt, dass $g^t_{t_0} x_0$ in allen drei Argumenten $(t_0 - T < t < t_0 + T)$ C^r-glatt bzw. analytisch ist,
iii) für alle s zwischen t_0 und t die Relationen $g^{t_0}_{t_0} = id$, $g^t_{t_0} = g^t_s \circ g^s_{t_0}$ und $(g^t_{t_0})^{-1} = g^{t_0}_t$ erfüllen.

Beweisskizze Anwendung der Definition der Transformationen $g^t_{t_0}$, des Satzes [Picard-Lindelöf, lokale Version] sowie des Satzes [Differenzierbarkeit bzw. Analytizität der Fundamentallösung]. Die dritte Relation in iii) folgt unmittelbar aus der zweiten, und diese ist eine Konsequenz der grundlegenden Evolutionseigenschaft der Fundamentallösung $\varphi(t; t_0, x_0)$. □

► **Bemerkung** Falls die Transformationen $g^t_{t_0}$, $|t - t_o| \leq T$, für irgendeine offene Teilmenge $N \subset \mathbb{R}^n$ und irgendein $T > 0$ definiert sind und Ψ hinreichend glatt ist, dann gelten aufgrund des Fortsetzungssatzes auch dafür die Aussagen dieser Folgerung. Hinreichende Bedingungen dafür ergeben sich beispielsweise mittels des Satzes [Picard-Lindelöf, globale Version].

Nun betrachten wir den Spezialfall einer autonomen GDG $\dot{x} = v(x)$ wie in (2.3), $x \in M \subset \mathbb{R}^n$ offen, und $U = \mathbb{R} \times M$. Nach dem Lemma über die Struktur $\varphi(t - t_0; x_0)$ der Fundamentallösung im autonomen Fall (siehe Kap. 2), hängt in diesem Fall die im Phasenraum M auf einer offenen Teilmenge $N \subset M$ erzeugte Transformation über das Intervall von t_0 bis t von diesen beiden Variablen in der Form

$$g^t_{t_0} = g^{t-t_0}_0 =: g^{t-t_0} ,$$

also nur von $t - t_0$ ab und ist durch den Phasenfluss $g^t : N \to g^t N$, $|t| \leq T$ der GDG (2.3) gegeben (vgl. Abschn. 2.5 sowie Übungsaufgabe 3.12).

Ist N insbesondere eine so genannte **invariante Teilmenge des Phasenraums** $\boldsymbol{M}$ einer autonomen GDG, d. h. $\varphi(t; N) = N$ für alle $t \in \mathbb{R}$, dann sind die auf N erzeugten Transformationen g^t für alle $t \in \mathbb{R}$ definiert und, falls $v : N \to \mathbb{R}^n$ ein C^r-glattes $(1 \leq r \leq \infty)$ bzw. analytisches Vektorfeld ist, C^r-glatte bzw. analytische Diffeomorphismen von N auf sich. Aufgrund der Flusseigenschaften bilden sie dann insbesondere eine C^r-glatte bzw. analytische ein-parametrige Diffeomorphismengruppe $\{g^t\}_{t \in \mathbb{R}}$, d. h. einen Phasenfluss mit Phasenraum N. Dies ist der Phasenfluss der GDG $\dot{x} = v(x)$ eingeschränkt auf N, d. h. für $x \in N$.

► **Bemerkung** Jene Invarianzbedingung für $N \subset M$ setzt die globale Existenz der Lösungen des zugehörigen AWPs für sämtliche $x_0 \in N$ voraus. Eine solche invariante Teilmenge N lässt sich als Vereinigung aller Orbits durch die Punkte von N auffassen, d. h. das Vektorfeld v ist in jedem Punkt von N tangential zu N, da es in jedem Punkt von N tangential zum Orbit durch diesen Punkt und damit zu einer in N enthaltenen glatten Kurve ist. Wenn $N \subset M$ beispielsweise offen und beschränkt ist sowie einen hinreichend glatten Rand mit $\partial N \subset M$ hat, dann ist auch dieser Rand eine invariante Teilmenge des Phasenraums M der betreffenden autonomen GDG. Dies folgt aus der Invarianz von N, der stetigen Abhängigkeit der Fundamentallösung von den Anfangsdaten und der Tatsache, dass durch jeden Punkt des Phasenraums genau ein Orbit verläuft. Das Vektorfeld v ist dann am Rand von N überall tangential zu diesem. Dies ist eine geometrische Eigenschaft, welche die Invarianz von N im vorliegenden Fall charakterisiert.

Ein weiterer interessanter Spezialfall liegt vor, wenn die rechte Seite Ψ einer nichtautonomen GDG wie in (2.1) bzgl. t periodisch mit einer Periode $T > 0$ (T-periodisch) ist: $\Psi(t + T, x) = \Psi(t, x)$ für alle $(t, x) \in \mathbb{R} \times M = U$, $M \subset \mathbb{R}^n$ offen. In diesem Fall besitzt die Fundamentallösung, wo sie definiert ist, im Vergleich zu allgemeinen nichtautonomen GDGn die zusätzliche Struktureigenschaft:

$$\varphi(t; t_0, x_0) = \varphi(t + T; t_0 + T, x_0)$$

Denn die Werte dieser beiden Lösungsfunktionen stimmen für $t = t_0$ und somit für alle t im Definitionsbereich überein. Mit $\varphi(t; t_0 + T, x_0)$ ist im vorliegenden Fall auch $\varphi(t + T; t_0 + T, x_0)$ eine Lösung der GDG $\dot{x} = \Psi(t, x)$. Mithin gelten für die im Phasenraum M auf einer offenen Teilmenge $N \subset M$ erzeugten Transformationen über Intervallen von t_0 bis t neben den Relationen in iii) der vorigen Folgerung die folgenden Relationen, wo die betreffenden Transformationen erklärt sind:

$$\cdots = g_{t_0-2T}^{t-T} = g_{t_0-T}^{t} = g_{t_0}^{t+T} = g_{t_0+T}^{t+2T} = \cdots$$

und somit für jede ganze Zahl k, $t = t_0 + kT + s$, $s \in \mathbb{R}$

$$g_{t_0}^{t} = g_{t_0}^{t_0+kT+s} = g_{t_0+kT}^{t_0+kT+s} \circ g_{t_0+(k-1)T}^{t_0+kT} \circ \cdots \circ g_{t_0}^{t_0+T} = g_{t_0}^{t_0+s} \circ A_{t_0}^{k}$$

mit $A_{t_0} = g_{t_0}^{t_0+T}$. Die Transformation A_{t_0} heißt **Periodenabbildung** oder **Poincaré[11]-Abbildung** (im linearen Fall auch **Monodromie-Operator**) **zum Anfangswert t_0**. Ist insbesondere $\varphi(t; t_0, N)$ für ein $t_0 \in \mathbb{R}$ und alle $t \in \mathbb{R}$ definiert und gilt $A_{t_0} N = N$, dann sind die auf N erzeugten Transformationen $g_{t_0}^{t}$ für alle $t = t_0 + kT$ definiert und C^r-glatte bzw. analytische Diffeomorphismen von N auf sich, falls Ψ hinreichend glatt ist. Die k-fachen Kompositionen $\{A_{t_0}^k\}_{k \in \mathbb{Z}}$ der Poincaré-Abbildung mit sich selbst bilden

[11] Henri Poincaré (1854–1912); Paris

hier eine diskrete Gruppe und für jedes feste $x_0 \in N$ ist $\{A^k x_0\}_{k\in\mathbb{Z}}$ die Folge der Punkte auf der Integralkurve durch $(t_0, x_0) \in \mathbb{R} \times N$ für $t = t_0 + kT$. Jene Gruppe beschreibt also die Integralkurven bzw. Lösungen einer T-periodisches GDG der Form (2.1) für diese diskreten Werte der unabhängigen Variablen. Der Verlauf dazwischen ist durch die stetige Abhängigkeit von den Daten unter Kontrolle. Ist x_0 beispielsweise ein Fixpunkt der Poincaré-Abbildung, d. h. $A_{t_0}x_0 = x_0$, dann ist die Lösung $\varphi(t; t_0, x_0)$ bzgl. t entweder konstant oder periodisch. Sie ist asymptotisch stabil im Sinne von Lyapunov, falls A_{t_0} in einer Umgebung von x_0 kontrahierend ist, und instabil, falls die Jacobi-Matrix A_{t_0} im Punkt x_0 einen Eigenwert mit positivem Realteil hat.

3.4 Begradigungssätze

Am Ende dieses Kapitels formulieren und beweisen wir noch je einen Begradigungssatz für autonome und nicht-autonome GDGn. Wie bereits erwähnt, geht es dabei um eine Art von (lokalen) Normalformen. Diese Sätze implizieren weitestgehend die Aussagen der anderen Sätze dieses Kapitels. Eine präzise Formulierung und Begründung dieses Sachverhalts sei jedoch den Lesern selbst überlassen. Wir verfolgen hier nämlich den umgekehrten Weg und benutzen die bislang entwickelte Theorie, um die Begradigungssätze zu beweisen. Da der nicht-autonome Fall der allgemeinere ist, beginnen wir damit und führen den Beweis für den autonomen Fall darauf zurück.

Satz (Begradigungssatz, nicht-autonomer Fall) *Die rechte Seite Ψ der nicht-autonomen GDG in* (2.1) *sei C^r-glatt* $(1 \le r \le \infty)$ *bzw. analytisch. Dann existiert zu jedem* $(t_0, x^*) \in U$ *eine offene Umgebung $W \subset U$, so dass* (2.1) *in W durch den durch*

$$\tilde{\Phi} : W \to \tilde{\Phi}(W) = V \subset \mathbb{R} \times \mathbb{R}^n ; \quad (t, x) \mapsto (t, \xi) = (t, g_t^{t_0} x)$$

gegebenen C^r-glatten bzw. analytischen Diffeomorphismus, für den insbesondere $\tilde{\Phi}(t_0, x^*) = (t_0, x^*)$ *gilt, zu folgender transformierten GDG* (***lokale Normalform*** *von* (2.1)) *äquivalent ist:*

$$\dot{\xi} = 0 , \quad (t, \xi) \in \tilde{\Phi}(W) = V$$

Bezüglich der ξ-Koordinaten sind also sämtliche Integralkurven von (2.1) *geradlinig und parallel zur t-Achse.*

Beweisskizze Anwendung der Folgerung [Erzeugung von Transformationen im Phasenraum] mit den dortigen Bezeichnungen: Wahl von $W = \{(t, x) \in \mathbb{R} \times \mathbb{R}^n \big| \, |t - t_0| < T ,$

$x \in g^t_{t_0}N\}$ sowie

$$\xi = \Phi(t,x) = g^{t_0}_t x = (g^t_{t_0})^{-1}x = \varphi(t;t_0,\cdot)^{-1}(x)\,, \quad (t,x) \in W$$

und Berücksichtigung von (2.1⋆). Dabei beachte man, dass die rechte Seite der GDG in (2.1⋆) im vorliegenden Fall für jedes feste $\xi \in N$ gleich

$$\frac{d}{dt}\Phi(t,\Phi(t,\cdot)^{-1}(\xi)) = \frac{d}{dt}\xi = 0$$

ist. □

Die Bemerkung im Anschluss an die Beweisskizze der Folgerung [Erzeugung von Transformationen im Phasenraum] gilt entsprechend auch hier.

Jetzt wenden wir uns dem Spezialfall einer autonomen GDG $\dot{x} = v(x)$ wie in (2.3), $x \in M \subset \mathbb{R}^n$ offen, $U = \mathbb{R} \times M$, zu. Es zeigt sich, dass man hier nicht nur, wie oben ausgeführt, die Integralkurven im erweiterten Phasenraum U lokal begradigen kann, sondern darüber hinaus auch die Orbits im Phasenraum M außerhalb der singulären Punkte des Vektorfeldes v, und dies insbesondere mittels eines t-unabhängigen Koordinatenwechsels. Eine globale Begradigung ist dagegen i. Allg. nicht möglich, selbst dann nicht, wenn kein singulärer Punkt existiert (siehe Übungsaufgabe 3.13).

Satz (Begradigungssatz, autonomer Fall) *Das Vektorfeld v der GDG in* (2.3) *sei C^r-glatt* $(1 \le r \le \infty)$ *bzw. analytisch und $v(x^*) \neq 0$ für $x^* \in M$. Wir können ohne Beschränkung der Allgemeinheit annehmen, dass $v_1(x^*) \neq 0$ gilt. Dann existiert eine offene Umgebung $Q \subset M$ von x^* und ein C^r- glatter bzw. analytischer Diffeomorphismus $\Phi : Q \to \Phi(Q) \subset \mathbb{R}^n$; $x \mapsto \xi = \Phi(x)$, für den insbesondere $\Phi(x^*) = x^*$ gilt, so dass das Bild des Vektorfeldes $v_{|Q} : Q \to \mathbb{R}^n$ bzgl. Φ das konstante Vektorfeld*

$$\Phi_*(v_{|Q}) : \Phi(Q) \to \mathbb{R}^n\,; \quad \xi \mapsto e_1$$

ist, wobei wir mit e_1 den ersten kanonischen Einheitsvektor $e_1 = (1,0,\ldots,0)^T$ im $\mathbb{R}^n$ bezeichnen. Somit ist die GDG (2.3) *in Q unter dem Diffeomorphismus Φ zu folgender transformierten GDG* (***lokale Normalform*** *von* (2.3)) *äquivalent:*

$$\dot{\xi} = e_1\,, \quad \xi \in \Phi(Q)$$

Bezüglich der ξ-Koordinaten sind also sämtliche Orbits von (2.3) *geradlinig und parallel zu e_1. Der Phasenfluss der GDG* (2.3) *ist in diesem Sinne also in Q bekannt. Eine solche Umgebung $Q \subset M$ wird in diesem Zusammenhang oft als* ***Flussschachtel*** *bezeichnet. Die ξ-Koordinaten werden entsprechend* ***Flussschachtelkoordinaten*** *genannt.*

Beweis Wir führen den Beweis auf den nicht-autonomen Fall zurück, indem wir in einer Umgebung $\tilde{W}$ von x^*, wo $v_1(x) \neq 0$ gilt, die Orbitgleichung (2.5) mit der unabhängigen Variablen x_1 $(i = 1)$ betrachten. Mit $\tilde{x} = (x_2, \ldots, x_n)^T \in \mathbb{R}^{n-1}$ bezeichnen wir den Vektor der Variablen x_j, $j \neq 1$, und mit $g_{x_1^*}^{x_1} : N \to g_{x_1^*}^{x_1} N$, $x_1 \gtrless x_1^*$, die von (2.5) im $\tilde{x}$-Raum auf einer offenen Teilmenge $N \subset \mathbb{R}^{n-1}$ erzeugte Transformation über das Intervall der unabhängigen Variablen von x_1^* bis x_1. Nach dem Satz [Begradigungssatz, nicht-autonomer Fall] ist dann (2.5) in einer in $\tilde{W}$ enthaltenen Umgebung $W = \{x \in \mathbb{R}^n \mid |x_1 - x_1^*| < T, \tilde{x} \in g_{x_1^*}^{x_1} N\}$ von $x^* \in \mathbb{R}^n$, $T > 0$, äquivalent zur transformierten GDG $\frac{d\xi_j}{dx_1} = 0$ $(j = 2, \ldots, n; (x_1, \tilde{\xi}) \in \tilde{\Phi}(W) = V)$, unter dem durch

$$\tilde{\Phi} : W \to \tilde{\Phi}(W) = V \subset \mathbb{R}^n; \quad x \mapsto (x_1, \tilde{\xi}) = (x_1, g_{x_1}^{x_1^*} \tilde{x})$$

gegebenen C^r-glatten bzw. analytischen Diffeomorphismus, für den insbesondere $\tilde{\Phi}(x^*) = x^*$ gilt. Hier und im Rest des Beweises identifizieren wir $\mathbb{R} \times \mathbb{R}^{n-1}$ mit $\mathbb{R}^n$, und setzen $\tilde{\xi} = (\xi_2, \ldots, \xi_n)^T \in \mathbb{R}^{n-1}$. Wie man unmittelbar sieht, nimmt die autonome GDG (2.3) in den $(x_1, \tilde{\xi})$-Koordinaten die Form

$$\begin{aligned} \dot{x}_1 &= v_1(x_1, g_{x_1^*}^{x_1} \tilde{\xi}), \quad (x_1, \tilde{\xi}) \in \tilde{\Phi}(W) = V \\ \dot{\tilde{\xi}} &= \left(\frac{d}{dx_1} \tilde{\xi}\right) \dot{x}_1 = 0 \end{aligned}$$

an. Aufgrund der unteren Gleichung können wir die obere als skalare GDG mit der abhängigen Variablen x_1 und zusätzlichen Parametern $\xi_2, \ldots, \xi_n$ auffassen. Um (2.3) vollends auf die behauptete lokale Normalform zu transformieren, führen wir anstelle von x_1 schließlich die neue Koordinate $\xi_1 = \Xi(x_1; \tilde{\xi}) \in \mathbb{R}$ ein, wobei $\Xi(x_1; \tilde{\xi})$ den eindeutigen Wert der t-Variable definiert, für welchen die Lösung jener skalaren GDG, welche der Anfangsbedingung $x_1(x_1^*) = x_1^*$ genügt, den Wert x_1, $(x_1, \tilde{\xi}) \in \tilde{\Phi}(W) = V$, hat. Diese Lösung ist strikt monoton, da v_1 nach Wahl von $\tilde{W}$ überall in W von 0 verschieden ist. Mittels der Formel in (1.5) erhält man für $(x_1, \tilde{\xi}) \in V$

$$\begin{aligned} & \xi_1 = \Xi(x_1; \tilde{\xi}) = x_1^* + G(x_1; \tilde{\xi}) - G(x_1^*; \tilde{\xi}) \\ \Longleftrightarrow \quad & x_1 = x_1(\xi) = G(\cdot\,; \tilde{\xi})^{-1}(\xi_1 + G(x_1^*; \tilde{\xi}) - x_1^*), \end{aligned}$$

wobei $G(x_1, \tilde{\xi})$ das Integral des Kehrwerts der Funktion $v_1(x_1, g_{x_1^*}^{x_1} \tilde{\xi})$ über das Intervall von x_1^* bis x_1 bzgl. der x_1-Variablen ist und daher samt der inversen Funktion $G(\cdot\,, \tilde{\xi})^{-1}$ in allen Argumenten C^r-glatt bzw. analytisch ist. Somit folgt die Behauptung des Satzes mit $Q = W$, $\xi = (\xi_1, \tilde{\xi})$ und

$$\Phi : Q \to \Phi(Q) \subset \mathbb{R}^n; \quad x \mapsto \xi = (\xi_1, g_{x_1}^{x_1^*} \tilde{x}), \quad \xi_1 = \Xi(x_1; g_{x_1}^{x_1^*} \tilde{x}),$$

denn $\frac{d\xi_1}{dt} = \frac{\partial \Xi}{\partial x_1} \dot{x}_1 = \dot{x}_1 / v_1(x_1, g_{x_1^*}^{x_1} \tilde{\xi}) = 1$. □

3.5 Übungsaufgaben

3.1 Wir betrachten das Anfangswertproblem ($t, x \in \mathbb{R}$):

$$\dot{x} = x^4\,, \quad x(0) = 1$$

a) Berechnen Sie die ersten drei Glieder der zugehörigen Picard-Folge.
b) Berechnen Sie die Lösung des Anfangswertproblems im maximalen Existenzintervall in expliziter Form und skizzieren Sie ihren Graphen zusammen mit den Graphen der ersten drei Glieder der Picard-Folge.
c) Geben Sie eine a-priori-Abschätzung für das Konvergenzintervall der Picard-Folge an.
d) Berechnen Sie ein Glied der zugehörigen Picard-Folge, welches die Lösung des AWPs auf dem in Aufgabenteil a) bestimmten Intervall bis auf einen maximalen Fehler approximiert, der betragsmäßig kleiner als 10^{-3} ist.

3.2 Gegeben sei das Anfangswertproblem ($t, x \in \mathbb{R}$):

$$\dot{x} = 2tx\,, \quad x(0) = 1$$

a) Zeigen Sie, dass die rechte Seite der Differentialgleichung in $I \times \mathbb{R}^n$ global Lipschitz-stetig bzgl. x gleichförmig in t ist, wobei $I \subset \mathbb{R}$ ein beliebiges kompaktes Intervall sei.
b) Berechnen Sie die ersten fünf Glieder der zugehörigen Picard-Folge.
c) Berechnen Sie explizit das k. Glied der Picard-Folge für $k \in \mathbb{N}$ und zeigen Sie, dass die Picard-Folge gegen die eindeutig bestimmte globale Lösung des Anfangswertproblems konvergiert.
d) Geben Sie eine a-priori Abschätzung für das Konvergenzintervall der Picard-Folge aus Aufgabenteil c) an.
e) Geben Sie eine a-priori Abschätzung des betragsmäßig maximalen Fehlers der Approximation der Lösung des AWPs durch das k. Glied der Picard-Folge auf dem in Aufgabenteil d) bestimmten Intervall an.

3.3* Es sei $f : \mathbb{R}^2 \to \mathbb{R}$ definiert durch:

$$f(t,x) = \begin{cases} 2t & \text{für } x < 0 \\ 2t - 4x/t & \text{für } 0 \le x < t^2 \\ -2t & \text{für } x \ge t^2 \end{cases}$$

a) Zeigen Sie, dass f eine stetige Funktion ist.
b) Zeigen Sie, dass das Anfangswertproblem

$$\dot{x} = f(t,x)\,, \quad x(0) = 0$$

global eindeutig lösbar ist.
c) Zeigen Sie, dass die Picard-Folge

$$\varphi^0(t) \equiv 0$$

$$\varphi^{j+1}(t) = \int_0^t f(\tau, \varphi^j(\tau))\, d\tau \quad (j = 0, 1, 2, \ldots)$$

nicht gegen eine Lösung des Anfangswertproblems konvergiert.
d) Warum ist dies kein Widerspruch zum Satz [Picard-Lindelöf, lokale Version]?

3.4 Gegeben sei das Anfangswertproblem ($t, x \in \mathbb{R}$):

$$\dot{x} = 4t^3 x\,, \quad x(0) = 1$$

a) Berechnen Sie die Lösung dieses Anfangswertproblems und begründen Sie, dass es sich um eine eindeutige globale Lösung handelt.
b) Berechnen Sie die ersten drei Glieder der zugehörigen Picard-Folge.
c) Zeigen Sie, dass die Picard-Folge auf ganz $\mathbb{R}$ gegen die eindeutig bestimmte globale Lösung des Anfangswertproblems konvergiert.

3.5 Gegeben sei das Anfangswertproblem ($(t, x) \in \mathbb{R} \times \mathbb{R}$)

$$\dot{x} = x + 2\,, \quad x(0) = 2\,. \qquad (\star)$$

a) Begründen Sie, warum dieses Anfangswertproblem global eindeutig lösbar ist.
b) Berechnen Sie die ersten vier Glieder der Picard-Folge für das Anfangswertproblem ($\star$).
c) Berechnen Sie das k. Glied dieser Picard-Folge für allgemeines $k \in \mathbb{N}$. Bestimmen Sie die Lösung von ($\star$) und begründen Sie, dass die Picard-Folge auf jedem kompakten Intervall $I \subset \mathbb{R}$ gleichmäßig gegen diese konvergiert.
d) Konvergiert die Picard-Folge auf ganz $\mathbb{R}$ gleichmäßig gegen die Lösung von ($\star$)? Begründen Sie Ihre Antwort.

3.6 Gegeben sei das Anfangswertproblem ($(t, x) \in \mathbb{R} \times \mathbb{R}$)

$$\dot{x} = (x^2)^{\frac{1}{3}}\,, \quad x(1) = 1 \qquad (\star)$$

und die Funktion $\psi = \psi(t)$, $t \in \mathbb{R}$, die definiert ist durch

$$\psi(t) = \begin{cases} 0 & \text{für } t \leq -2 \\ (t/3 + 2/3)^3 & \text{für } t > -2\,. \end{cases}$$

a) Zeigen Sie, dass die Funktion $\psi = \psi(t)$ auf ganz $\mathbb{R}$ differenzierbar ist und ($\star$) löst.
b) Begründen Sie, warum das Anfangswertproblem ($\star$) lokal eindeutig lösbar ist.
c) Zeigen Sie, dass ($\star$) nicht global eindeutig lösbar ist, indem Sie eine von $\psi = \psi(t)$ verschiedene globale Lösung von ($\star$) bestimmen. Begründen Sie, warum kein Widerspruch zum Satz [Picard-Lindelöf, lokale Version] vorliegt.

3.7 Unter den Voraussetzungen des Satzes [Picard-Lindelöf, lokale Version] beweise man mittels der speziellen Gronwallschen Ungleichung (siehe Abschn. 6.1), dass das AWP (2.2) in irgendeinem offenen Intervall $I \subset \mathbb{R}$ zu gegebenen Anfangsdaten $(t_0, x_0) \in U$ mit $t_0 \in I$ höchstens eine Lösung hat.

3.8 a) Man beweise den Satz [Picard-Lindelöf, lokale Version] ohne unmittelbare Zuhilfenahme des Banachschen Fixpunktsatzes. Dazu zeige man die Konvergenz der Picard-Folge im Banachraum $X = C^0(\bar{I}_0, \mathbb{R}^n)$, versehen mit der Maximumsnorm $\|\cdot\|_X$, gegen eine eindeutige lokale Lösung des AWPs (2.2) auf dem Intervall $\bar{I}_0 = [t_0 - T_0, t_0 + T_0]$ einschließlich der zugehörigen Fehlerabschätzung. Hier bzw. in Aufgabenteil b), seien t_0, T, T_0 und δ gemäß der Beweisskizze jenes Satzes definiert.
b) Man ersetze die Norm $\|\cdot\|_X$ durch die äquivalente, gewichtete Maximumsnorm ($\varphi \in X$)

$$\|\varphi\|_{X,\kappa} := \max_{t \in \bar{I}_0} e^{-\kappa t}\, \|\varphi(t)\|\,,$$

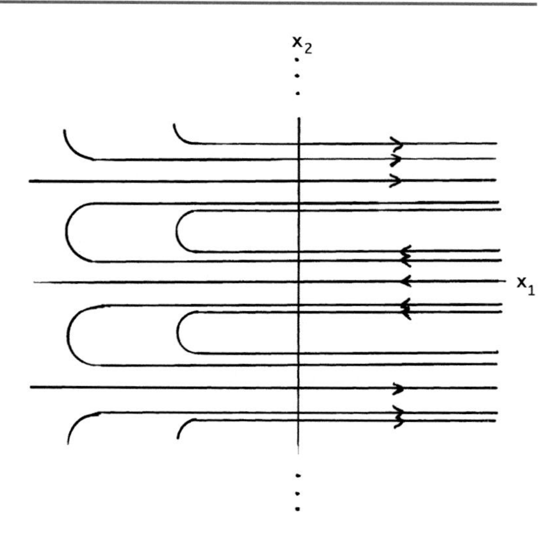

Abb. 3.2 Portrait eines Phasenflusses ohne Gleichgewichtspunkt in der (x_1, x_2)-Ebene (vgl. [3], S. 75)

mit $\kappa \geq 0$ hinreichend groß, und zeige: Die Picard-Folge konvergiert sogar auf dem i. Allg. größeren Intervall

$$\bar{I}_0 = [t_0 - \tilde{T}_0, t_0 + \tilde{T}_0]$$

gleichmäßig gegen die lokale Lösung des AWPs (2.2), wobei $\tilde{T}_0 = \min\left(T, \frac{\delta}{\kappa}\right)$.

3.9* Man folgere die Aussage des Satzes [Picard-Lindelöf, globale Version] direkt aus dem Satz [Maximale Fortsetzung der lokalen Lösung], indem man ausschließe, dass $\varphi(t; t_0, x_0)$, $(t_0, x_0) \in J \times \mathbb{R}^n$, an einer beliebigen Stelle $t \in J$ dem Unendlichen beliebig nahe kommt.

3.10 Unter den Voraussetzungen des Satzes [Picard-Lindelöf, globale Version] bestimme man mittels der speziellen Gronwallschen Ungleichung (siehe Abschn. 6.1) Wachstumsschranken bzgl. der Variablen $t \in [\tilde{a}, \tilde{b}] \subset J$ für die Norm $\|\varphi(t; t_0, x_0)\|$ der Lösungen des AWPs (2.2) mit $(t_0, x_0) \in (\tilde{a}, \tilde{b}) \times \mathbb{R}^n$.

3.11* Man beweise die Konvergenzaussagen der Bemerkung unmittelbar im Anschluss an den Satz [Picard-Lindelöf, globale Version].

Hinweis: Um die gleichmäßige Konvergenz der Picard-Folge auf einem beliebigen Intervall $\bar{I}_0 \subset J = (a, b)$, $I_0 = (\tilde{a}, \tilde{b})$ zu zeigen, verwende man auf $X = C^0(\bar{I}_0, \mathbb{R}^n)$ die Norm $\|\cdot\|_{X,\kappa}$ mit $\kappa \geq 0$ hinreichend groß, wie in Übungsaufgabe 3.8. Man benutze, dass der Integraloperator $\mathcal{K}$ aus (3.1) kontrahierend ist im vollständigen metrischen Raum $C = C_{\mathcal{D}}$ mit

$$C_{\mathcal{D}} := \{\varphi \in X \mid \varphi(t) \in \mathcal{D} : \|x - x_0\| \leq \kappa |t - t_0|,\ t_0 \in I_0,\ t \in \bar{I}_0\} \subset X\,,$$

versehen mit der von $\|\cdot\|_{X,\kappa}$ induzierten Metrik, falls Ψ beschränkt ist, bzw. in $C = X$, falls Ψ global L-stetig bzgl. x gleichförmig in t ist.

Ist $J = (a, b)$ beschränkt und Ψ sowohl global L-stetig bzgl. x gleichförmig in t als auch beschränkt, dann folgt die gleichmäßige Konvergenz der Picard-Folge sogar auf dem ganzen Intervall J, wenn man die Intervalle I_0 und $\bar{I}_0$ jeweils durch J sowie die gewichtete

Maximumsnorm durch die entsprechende Supremumsnorm $\|\cdot\|_{X,\kappa}$ über J ersetzt und den Banachraum X durch

$$X = C^0_\kappa(J, \mathbb{R}) := \{\varphi : J \to \mathbb{R} \mid \varphi \text{ stetig und } \|\varphi\|_{X,\kappa} < \infty\}$$

versehen mit der Supremumsnorm $\|\cdot\|_{X,\kappa}$ definiert.

3.12 a) Man leite die Relationen i)–iii) im Lemma [Flusseigenschaften der Fundamentallösung] für autonome GDGn der Form (2.3) aus den Relationen für nicht-autonome GDGn der Form (2.1) her, welche unter Punkt iii) der Folgerung [Erzeugung von Transformationen im Phasenraum] aufgelistet sind.
b) Man führe die Herleitung in der umgekehrten Richtung durch.
Hinweis: Dazu betrachte man die autonome GDG (2.4) im erweiterten Phasenraum.

3.13* Man zeige anhand des Phasenportraits in Abb. 3.2, dass im autonomen Fall eine globale Begradigung der Orbits einer GDG der Form (2.3) i. Allg. nicht einmal dann möglich ist, wenn keine Gleichgewichtspunkte vorliegen.

Lineare GDGn 1. Ordnung im $\mathbb{R}^n$

4

Wie wir bereits bei skalaren GDGn 1. Ordnung gesehen haben, lässt sich die Lösungstheorie im linearen Fall besonders weit entwickeln. In Kap. 4 zeigen wir, dass dies ebenso für nicht-skalare lineare GDGn 1. Ordnung zutrifft. Für allgemeines $n \in \mathbb{N}$ hat eine lineare GDG 1. Ordnung im $\mathbb{R}^n$ die Form

$$\dot{x} = A(t)x + h(t), \quad (t, x) \in U = J \times \mathbb{R}^n, \tag{4.1}$$

wobei $J \subset \mathbb{R}$ ein offenes Intervall sei; die Funktion $A : J \to \mathbb{R}^{(n,n)}$ stellt die Systemmatrix dar und $h : J \to \mathbb{R}^n$ analog zum skalaren Fall die Inhomogenität. Beide Funktionen seien stetig. Ist $h(t) \equiv 0$, dann ist die Gleichung in (4.1) eine homogene lineare GDG 1. Ordnung und damit im strikten Sinn linear; andernfalls ist sie eine inhomogene lineare GDG 1. Ordnung.

Die Funktion

$$\Psi : J \times \mathbb{R}^n \to \mathbb{R}^n; \quad (t, x) \mapsto \Psi(t, x) = A(t)x + h(t)$$

ist so glatt wie $A(t)$ und $h(t)$ und selbst im stetigen Fall sowohl lokal Lipschitz-stetig bzgl. x gleichförmig in t mit Lipschitz-Konstante

$$L = L(\bar{I}) = \max_{t \in \bar{I}} \|A(t)\|, \quad \bar{I} \subset J,$$

als auch linear beschränkt mit

$$\alpha(t) = \|A(t)\|, \quad \beta(t) = \|h(t)\|, \quad t \in J.$$

Hier verwenden wir die von der benutzten Norm im $\mathbb{R}^n$ induzierte Matrixnorm. Nach dem Satz [Picard-Lindelöf, globale Version] ist somit das zu (4.1) gehörende AWP

$$\begin{aligned} \dot{x} &= A(t)x + h(t), \quad (t, x) \in U = J \times \mathbb{R}^n \\ x(t_0) &= x_0 \end{aligned} \tag{4.2}$$

J. Scheurle, *Gewöhnliche Differentialgleichungen*, Mathematik Kompakt,
DOI 10.1007/978-3-319-55604-8_4

für beliebige Anfangsdaten $(t_0, x_0) \in U$ eindeutig lösbar und das maximale Existenzintervall der Lösungen ist jeweils J. Die Fundamentallösung $\varphi(t; t_0, x_0)$ der GDG (4.1) ist also auf ganz $J \times J \times \mathbb{R}^n$ definiert. Sie ist dort so glatt wie die Funktionen $A(t)$ und $h(t)$. Falls diese und damit auch die Fundamentallösung zusätzlich von einem Parameter $\mu \in \Lambda \subset \mathbb{R}^p$, $p \in \mathbb{N}$, abhängen, gilt dieses auch bzgl. μ.

4.1 Homogener Fall

Wir betrachten zunächst den homogenen Fall $h(t) \equiv 0$. Die Linearität der GDG (4.1) im strikten Sinn hat zur Folge, dass die Gesamtheit der Lösungen mit der üblichen punktweisen Addition und skalaren Multiplikation von Vektor-wertigen Funktionen einen Vektorraum bildet. Für die Lösungen gilt also das **Superpositionsprinzip**, welches besagt, dass jede endliche Linearkombination von Lösungen wieder eine Lösung ist. Dies rechnet man direkt nach (vgl. Abschn. 1.2). Insbesondere ist also

$$\alpha\, \varphi(t; t_0, x_0) + \beta\, \varphi(t; t_0, \tilde{x}_0)\,, \qquad t \in J\,,$$

mit $(t_0, x_0), (t_0, \tilde{x}_0) \in U$ eine Lösung für beliebige Skalare $\alpha, \beta \in \mathbb{R}$. Da diese Lösung der Anfangsbedingung $x(t_0) = \alpha x_0 + \beta \tilde{x}_0$ genügt, ist sie identisch mit der Lösung $\varphi(t; t_0, \alpha x_0 + \beta \tilde{x}_0)$ (Eindeutigkeit). Somit haben wir gezeigt, dass die Fundamentallösung einer homogenen linearen GDG 1. Ordnung im $\mathbb{R}^n$ linear bezüglich $x_0 \in \mathbb{R}^n$ ist, d. h. es existiert eine Matrix $\Gamma = \Gamma(t; t_0) \in \mathbb{R}^{(n.n)}$, so dass gilt:

$$\begin{aligned} \varphi(t; t_0, x_0) &= \Gamma(t; t_0) x_0\,, \qquad (t, t_0, x_0) \in J \times J \times \mathbb{R}^n\,, \\ \Gamma(t_0; t_0) &= E_n\,, \end{aligned}$$

wobei $E_n \in \mathbb{R}^{(n,n)}$ die (n, n)-Einheitsmatrix bezeichne. Die Matrix $\Gamma(t; t_0)$ heißt **Fundamentalmatrix zum Anfangswert t_0** der betreffenden linearen GDG. Die grundlegende Evolutionseigenschaft der Fundamentallösung impliziert

$$\Gamma(t; s)\Gamma(s; t_0) = \Gamma(t; t_0)$$

sowie insbesondere

$$\Gamma(t; t_0)\Gamma(t_0; t) = \Gamma(t_0; t)\Gamma(t; t_0) = E_n\,.$$

Die Matrix $\Gamma(t; t_0)$ ist also für alle $(t, t_0) \in J \times J$ regulär mit $\Gamma(t; t_0)^{-1} = \Gamma(t_0; t)$. Daher sind ihre Spaltenvektoren $\varphi^j(t; t_0)$ $(j = 1, \ldots, n)$ für alle $(t, t_0) \in J \times J$ linear unabhängig in $\mathbb{R}^n$. Da sie sich jeweils als Produkt der Matrix $\Gamma(t; t_0)$ und des j-ten kanonischen Einheitsvektors $e_j \in \mathbb{R}^n$ ergeben, sind sie als Lösungen des AWPs (4.2) mit den Anfangsbedingungen $x(t_0) = e_j$ eindeutig bestimmt. Insbesondere sind sie und mithin die Matrix $\Gamma(t; t_0)$ als Funktionen all ihrer Argumente einschließlich eines möglichen zusätzlichen Parameters $\mu \in \Lambda \subset \mathbb{R}^p$, $p \in \mathbb{N}$, so glatt wie die Funktion $A(t;\mu)$. Darüber hinaus besitzen sie stetige Ableitungen einer im Vergleich zu $A(t;\mu)$ um 1 höheren Ordnung, insoweit diese wenigstens eine Differentiation nach t oder t_0 enthalten. Bzgl. t_0 gilt Letzteres wegen $\Gamma(t;t_0) = \Gamma(t_0;t)^{-1}$.

Wir zeigen nun, dass die Lösungen $\varphi^j(t;t_0)$ $(j = 1,\ldots,n)$ für jedes feste $t_0 \in J$ eine Basis des Vektorraums aller Lösungen der homogenen, linearen GDG $\dot{x} = A(t)x$, $(t,x) \in U = J \times \mathbb{R}^n$, bilden. Da $\varphi(t;t_0,x_0) = \Gamma(t;t_0)x_0$ eine mögliche Darstellung der allgemeinen Lösung ist und alle Lösungen dieser GDG auf ganz J definiert sind, ist für irgendein fest gewähltes $t_0 \in J$ jede Lösung $\varphi(t)$ eine Linearkombination

$$\varphi(t) = \sum_{j=1}^{n} x_{0j}\varphi^j(t;t_0), \quad x_0 = (x_{01},\ldots,x_{0n})^T \in \mathbb{R}^n,$$

der n Lösungen $\varphi^j(t;t_0)$. Letztere spannen also den betreffenden Vektorraum auf. Somit bleibt zu zeigen, dass die $\varphi^j(t;t_0)$ als Elemente jenes Vektorraums, also als Funktionen von $t \in J$, linear unabhängig sind. Eine hinreichende Bedingung dafür ist offensichtlich, dass ihre Werte für ein $t \in J$ als Vektoren im $\mathbb{R}^n$ linear unabhängig sind. Diese Bedingung ist erfüllt, da diese Funktionen den jeweiligen Anfangsbedingungen $x(t_0) = e_j$ genügen. Da sie Lösungen der homogenen, linearen GDG (4.1) sind, ist jene Bedingung nicht nur hinreichend, sondern auch notwendig für ihre lineare Unabhängigkeit als Funktionen von $t \in J$. Ihre lineare Unabhängigkeit in diesem Sinn impliziert sogar, dass für alle $t \in J$ ihre Werte als Vektoren im $\mathbb{R}^n$ linear unabhängig sind. Zu dieser Aussage äquivalent ist nämlich die Aussage des folgenden Lemmas zur linearen Abhängigkeit.

Lemma (Lineare (Un)abhängigkeit) *Sind $\varphi^1(t),\ldots,\varphi^m(t)$ $(m \in \mathbb{N})$ Lösungen von $\dot{x} = A(t)x$, $(t,x) \in U = J \times \mathbb{R}^n$, und sind ihre Werte für irgendein $t \in J$ als Vektoren des $\mathbb{R}^n$ linear (un)abhängig, dann sind sie auch als Funktionen von $t \in J$ linear (un)abhängig.*

Beweis Wie zuvor bereits erwähnt, ist die Aussage des Lemmas zur linearen Unabhängigkeit offensichtlich wahr. Nach der Prämisse der Aussage zur linearen Abhängigkeit gilt für irgendein $t \in J$: $\sum_{j=1}^m \alpha_j\varphi^j(t) = 0$, $\alpha_j \in \mathbb{R}$, nicht alle $\alpha_j = 0$. Da das AWP (4.2) eindeutig lösbar ist, folgt daraus $\sum_{j=1}^m \alpha_j\varphi^j(t) = 0$ für alle $t \in J$, und somit nach Definition die lineare Abhängigkeit der Lösungen $\varphi^j(t)$ als Funktionen von $t \in J$. □

Folgerung (Allgemeine homogene Lösung) ***Der Lösungsraum*** *einer homogenen linearen GDG 1. Ordnung im $\mathbb{R}^n$ $(n \in \mathbb{N})$ ist ein n-dimensionaler Vektorraum. Für ein festes $t_0 \in J$ bilden die eindeutigen Lösungen $\varphi^j(t;t_0)$, $t \in J$, des zugehörigen AWPs zu den Anfangsbedingungen $x(t_0) = e_j$ $(j = 1,\ldots,n)$ eine Basis jenes Vektorraums.*

Sie stellen die Spaltenvektoren der Fundamentalmatrix $\Gamma(t;t_0)$ zum Anfangswert t_0 dar. Eine mögliche Darstellung der allgemeinen Lösung $\varphi^h_{\text{allg}}(t;c)$ (allgemeine homogene Lösung) einer solchen GDG ist durch

$$\varphi^h_{\text{allg}}(t;c) = \Gamma(t;t_0)c\,, \quad t \in J$$

mit $c \in \mathbb{R}^n$ beliebig und fixem $t_0 \in J$ gegeben. Die von einer solchen GDG auf $\mathbb{R}^n$ erzeugten Transformationen über das Intervall der unabhängigen Variablen von t_0 bis t

$$g^t_{t_0} : \mathbb{R}^n \to \mathbb{R}^n\,; \quad x \mapsto g^t_{t_0}x = \Gamma(t;t_0)x$$

sind linear und durch das Produkt der Matrix $\Gamma(t;t_0)$ und x gegeben.

Selbstverständlich kann man zur Darstellung der allgemeinen homogenen Lösung $\varphi^h_{\text{allg}}(t;c)$ auch irgendeine Basis $\varphi^1(t),\dots,\varphi^n(t)$ des Lösungsraums einer homogenen linearen GDG 1. Ordnung im $\mathbb{R}^n$ verwenden und in obiger Darstellung von $\varphi^h_{\text{allg}}(t;c)$ die Matrix $\Gamma(t;t_0)$ durch die Matrix $\tilde{\Gamma}(t)$ ersetzen, deren Spaltenvektoren durch irgendeine solche Basis gegeben sind. In der klassischen Literatur wird jede solche **Lösungsbasis** ein **Fundamentalsystem von Lösungen** und jede solche Matrix $\tilde{\Gamma}(t)$ eine Fundamentalmatrix genannt. Zum Unterschied dazu spricht man dann im Fall der speziellen Matrix $\Gamma(t;t_0)$ von der **Hauptfundamentalmatrix zum Anfangswert t_0**. Letztere hat den Vorteil, dass dadurch nicht nur eine Darstellung der allgemeinen homogenen Lösung, sondern insbesondere die Fundamentallösung $\varphi(t;t_0,x_0) = \Gamma(t;t_0)x_0$, also die Lösung des zugehörigen AWPs, gegeben ist, wobei stets gilt ($t_0 \in J$ beliebig)

$$\Gamma(t;t_0) = \tilde{\Gamma}(t)\,\tilde{\Gamma}(t_0)^{-1}\,.$$

In diesem Buch benutzen wir die Bezeichnung „Fundamentalmatrix" ausschließlich für $\Gamma(t;t_0)$.

Die Determinante $W(t) = \det\tilde{\Gamma}(t)$ einer quadratischen Matrix $\tilde{\Gamma}(t)$, deren Spaltenvektoren durch n Lösungen einer homogenen linearen GDG $\dot{x} = A(t)x$, $(t,x) \in J \times \mathbb{R}^n$, gegeben sind, heißt **Wronski[1]-Determinante** jener Lösungen. Diese genügt selbst einer skalaren linearen GDG, nämlich der GDG

$$\dot{W} = (\text{Spur}\,A(t))\,W, \quad (t,W) \in J \times \mathbb{R}\,,$$

und hat somit die Darstellung

$$W(t) = W(t_0)\,e^{\int_{t_0}^{t}(\text{Spur}\,A(\tau))\,d\tau} \qquad (t_0, t \in J)\,.$$

Zum Beweis berechnet man die Ableitung $\dot{W}(t)$ der Funktion $W(t)$ mithilfe der Kettenregel und des *Determinanten-Entwicklungssatzes.*

[1] Josef Maria Hoèné-Wronski (1778–1853); Paris

4.2 Inhomogener Fall

Wie bei skalaren GDGn ist der Lösungsraum der GDG (4.1) für $h(t) \not\equiv 0$ affin-linear. Er hat die Dimension n. Die von der GDG (4.1) erzeugten Transformationen $g_{t_0}^t : \mathbb{R}^n \to \mathbb{R}^n$, $(t_0, t) \in J \times J$, sind ebenfalls affin-linear. All dies ist eine Konsequenz der folgenden Lösungsformeln. Analog zum skalaren Fall beweist man, dass die allgemeine Lösung der inhomogenen GDG (4.1) (allgemeine inhomogene Lösung) die Darstellung

$$\varphi_{\text{allg}}(t; c) = \varphi_p(t) + \varphi_{\text{allg}}^h(t; c), \quad t \in J, \quad c \in \mathbb{R}^n \text{ beliebig}$$

erlaubt, wobei $\varphi_p(t)$ eine partikuläre Lösung von (4.1) ist, und $\varphi_{\text{allg}}^h(t; c)$ irgendeine Darstellung der allgemeinen Lösung der zugehörigen homogenen GDG ist. Wir verzichten hier auf die Wiederholung dieses Beweises. Im Sinne einer **erweiterten Fassung des Superpositionsprinzips** gilt: Sind $\varphi_p^k(t)$ partikuläre Lösungen der GDG (4.1) für die Inhomogenitäten $h^k(t)$ $(k = 1, \ldots, m\,,\ m \in \mathbb{N})$, dann ist

$$\varphi_p(t) = \sum_{k=1}^{m} \alpha_k \varphi_p^k(t)$$

eine partikuläre Lösung für $h(t) = \sum_{k=1}^{m} \alpha_k h^k(t)\,,\ \alpha_k \in \mathbb{R}$.

Ist eine Basis des Lösungsraums der zugehörigen homogenen GDG und somit die Fundamentalmatrix $\Gamma(t; t_0)$ gegeben, dann ermöglicht es die Methode der Variation der Konstanten wieder, mittels eines Integrals eine partikuläre Lösung $\varphi_p(t)$ der inhomogenen GDG (4.1) zu konstruieren. Dazu machen wir den Ansatz, $t_0 \in J$ fix,

$$\varphi_p(t) = \Gamma(t; t_0)\, c(t)$$

mit einer zu bestimmenden differenzierbaren Funktion $c : J \to \mathbb{R}^n$. Setzt man diesen Ansatz in die GDG (4.1) ein, dann erhält man

$$\begin{aligned} & \Gamma(t; t_0)\, \dot{c}(t) = h(t), \quad t \in J \\ \Longleftrightarrow \quad & \dot{c}(t) = \Gamma(t; t_0)^{-1}\, h(t)\,. \end{aligned}$$

Integration bzgl. t liefert somit eindeutig bis auf eine additive Konstante

$$c(t) = \int_{t_0}^{t} \Gamma(s; t_0)^{-1}\, h(s)\, ds\,, \quad t \in J\,,$$

und somit die partikuläre Lösung

$$\varphi_p(t) = \Gamma(t; t_0) \int_{t_0}^{t} \Gamma(s; t_0)^{-1}\, h(s)\, ds\,, \quad t \in J\,. \tag{4.3}$$

Für diese gilt $\varphi_p(t_0) = 0$.

Zusammenfassend formulieren wir den

Satz (Existenz, Eindeutigkeit und stetige Abhängigkeit von den Daten für Lösungen von (4.2)) *Die Funktionen $A(t)$ und $h(t)$ seien r-fach stetig differenzierbar ($0 \leq r \leq \infty$) bzw. analytisch. Dann ist das AWP* (4.2) *für alle $(t_0, x_0) \in U = J \times \mathbb{R}^n$ im gesamten Intervall J lösbar (global lösbar, falls $J = \mathbb{R}$). Die Lösung ist jeweils eindeutig und durch die Formel*

$$\varphi(t; t_0, x_0) = \Gamma(t; t_0)x_0 + \int_{t_0}^{t} \Gamma(t, s)h(s)\, ds\,, \quad t \in J\,, \tag{4.4}$$

gegeben. Die so definierte Fundamentallösung der GDG (4.1) *ist als Funktion all ihrer Argumente einschließlich eines möglichen zusätzlichen Parameters $\mu \in \Lambda \subset \mathbb{R}^p$, $p \in \mathbb{N}$, so glatt wie die beiden Funktionen $A(t; \mu)$ und $h(t; \mu)$. Darüber hinaus besitzt die Fundamentallösung stetige Ableitungen einer im Vergleich zu $A(t; \mu)$ und $h(t; \mu)$ um 1 höheren Ordnung, insoweit diese wenigstens eine Differentiation nach t oder t_0 enthalten.*

Beweisskizze Verwendung der Formeln (4.3) und (4.4). □

4.3 Fall einer konstanten Systemmatrix

Gemäß den Ausführungen in den vorigen Abschnitten läuft die Lösung linearer GDGn 1. Ordnung der Form (4.1) im Wesentlichen auf die Konstruktion einer Basis des Lösungsraums der zugehörigen homogenen GDG hinaus. Im nicht-autonomen Fall ist man dabei in der Regel auf ad-hoc Methoden angewiesen (vgl. dazu auch Übungsaufgabe 4.2). Dagegen stehen für konstante Systemmatrizen $A(t) \equiv A \in \mathbb{R}^{(n,n)}$ systematische Verfahren zur Verfügung. In diesem Fall spricht man auch von einer **linearen GDG 1. Ordnung mit konstanten Koeffizienten**. Die zugehörige homogene GDG

$$\dot{x} = Ax\,, \quad (t, x) \in \mathbb{R} \times \mathbb{R}^n\,, \tag{4.5}$$

ist dann autonom. Kombiniert man die spezielle Struktur der Fundamentallösung $\varphi(t; t_0, x_0) = \varphi(t - t_0; x_0)$ im autonomen Fall mit deren Darstellung durch die Fundamentalmatrix $\Gamma(t; t_0)$, folgt

$$\varphi(t - t_0; x_0) = \Gamma(t - t_0)x_0\,, \quad (t, t_0, x_0) \in \mathbb{R} \times \mathbb{R} \times \mathbb{R}^n\,,$$

mit $\Gamma(t; t_0) = \Gamma(t - t_0; 0) =: \Gamma(t - t_0)$.

Eine mögliche Methode, die ein-parametrige Familie der Matrizen $\Gamma = \Gamma(s)$, $s \in \mathbb{R}$ zu konstruieren, basiert auf der **Matrix-Exponentialfunktion**

$$\exp : \mathbb{R}^{(n,n)} \to \mathbb{R}^{(n,n)}; \quad A \mapsto \exp(A) = e^A = \sum_{k=0}^{\infty} \frac{1}{k!} A^k .$$

Die betreffende Potenzreihe konvergiert auf ganz $\mathbb{R}^{(n,n)}$, versehen mit irgendeiner Matrixnorm, gleichmäßig auf kompakten Teilmengen. Insbesondere konvergiert für ein festes $A \in \mathbb{R}^{(n,n)}$ die Potenzreihe der durch $t \mapsto \exp(At) = e^{At}$ gegebenen Funktion gleichmäßig für t in jeder kompakten Teilmenge von $\mathbb{R}$. Somit ist diese Funktion analytisch, wobei gilt:

$$\frac{d}{dt} e^{At} = A e^{At}, \quad e^{A \cdot 0} = E_n$$

Dies impliziert, dass die Funktion

$$\varphi(t; x_0) = e^{At} x_0 , \quad t \in \mathbb{R} ,$$

für beliebige $x_0 \in \mathbb{R}^n$ die GDG (4.5) löst und zudem die Anfangsbedingung $\varphi(0; x_0) = x_0$ erfüllt. Jene Funktion stellt also die Fundamentallösung der GDG (4.5) dar, und somit gilt:

$$\Gamma(s) = e^{As} = \sum_{k=0}^{\infty} \frac{s^k}{k!} A^k, \quad s \in \mathbb{R}$$

Darüber hinaus folgt, dass die von der GDG (4.5) auf $\mathbb{R}^n$ erzeugte 1-parametrige Diffeomorphismengruppe (der erzeugte Phasenfluss) $\{g^t\}_{t \in \mathbb{R}}$ eine 1-parametrige Gruppe linearer Transformationen des $\mathbb{R}^n$ ist, gegeben durch

$$g^t : \mathbb{R}^n \to \mathbb{R}^n ; \quad x \mapsto g^t x = \Gamma(t) x = e^{At} x , \quad t \in \mathbb{R} .$$

Entsprechend bildet die 1-parametrige Familie von Matrizen $\Gamma(t) = e^{At}$, $t \in \mathbb{R}$, eine 1-parametrige (kommutative) Gruppe bzgl. der Multiplikation von Matrizen aus $\mathbb{R}^{(n,n)}$, wobei insbesondere gilt:

$$e^{At} e^{As} = e^{A(t+s)} = e^{A(s+t)} = e^{As} e^{At} , \quad t, s \in \mathbb{R} ,$$
$$(e^{At})^{-1} = e^{-At}$$

Ist umgekehrt auf $\mathbb{R}^n$ ein Phasenfluss durch eine 1-parametrige Gruppe linearer Transformationen $g^t : \mathbb{R}^n \to \mathbb{R}^n$ gegeben, so dass $g^t x$ für alle $x \in \mathbb{R}^n$ bzgl. t bei $t = 0$ differenzierbar ist, dann hat die assoziierte GDG die Form (4.5) mit der durch das zugehörige lineare Phasengeschwindigkeitsfeld

$$Ax = \left. \frac{\partial}{\partial t} \right|_{t=0} g^t x = \lim_{t \to 0} \frac{1}{t} (g^t x - x) , \quad x \in \mathbb{R}^n ,$$

definierten Matrix $A \in \mathbb{R}^{(n,n)}$, d. h. mit dieser Matrix gilt dann $g^t x = e^{At} x$ (vgl. Beispiel im Abschn. 2.5).

Hinsichtlich einer Möglichkeit, die Potenzreihe für die Matrix-Exponentialfunktion in geschlossener Form auszuwerten, weisen wir darauf hin, dass die Auswertung für eine Diagonalmatrix $D = \operatorname{diag}(\lambda_1, \ldots, \lambda_n) \in \mathbb{C}^{(n,n)}$ auf $\exp(D) = \operatorname{diag}(e^{\lambda_1}, \ldots, e^{\lambda_n}) \in \mathbb{C}^{(n,n)}$ führt, während die Potenzreihe für $\exp(N)$ im Fall einer nilpotenten Matrix N, wegen $N^m = 0$ für hinreichend große $m \in \mathbb{N}$, eine endliche Summe ist und somit in endlich vielen Schritten explizit ausgewertet werden kann. Ferner gilt $\exp(TAT^{-1}) = T \exp(A) T^{-1}$ für jede Matrix $A \in \mathbb{R}^{(n,n)}$ und jede reguläre Matrix $T \in \mathbb{C}^{(n,n)}$. Damit lässt sich die Exponentialfunktion insbesondere für jede (komplex) diagonalisierbare Matrix $A \in \mathbb{R}^{(n,n)}$ explizit auswerten, indem man für T die Matrix der Diagonalisierungstransformation wählt. Symmetrische Matrizen $A = A^T$ sind bekanntlich sogar reell diagonalisierbar. Entsprechend führt im Fall einer allgemeinen Matrix $A \in \mathbb{R}^{(n,n)}$ die Zerlegung $A = \tilde{D} + \tilde{N}$ in eine (komplex) diagonalisierbare Matrix $\tilde{D} \in \mathbb{R}^{(n,n)}$ und eine nilpotente Matrix $\tilde{N} \in \mathbb{R}^{(n,n)}$ mit $\tilde{D}\tilde{N} = \tilde{N}\tilde{D}$ zum Ziel, wobei $e^A = e^{\tilde{D}} e^{\tilde{N}}$ gilt. Eine solche Zerlegung findet man in kanonischer Weise, indem man die Matrix A auf ihre (komplexe) Jordan-Normalform transformiert.

Nun stellen wir eine Methode zur direkten Konstruktion einer Basis des Lösungsraums der GDG (4.5) vor und damit auch eine weitere Methode zur expliziten Konstruktion der Fundamentalmatrix $\Gamma(t; t_0)$. Dazu suchen wir von der Nullfunktion verschiedene Lösungen von (4.5) in Form des Ansatzes

$$\varphi(t) = v e^{\lambda t}, \quad t \in \mathbb{R},$$

wobei wir zunächst auch komplexwertige Lösungen zulassen. Selbstverständlich sind wir letztlich an einer reellen Basis des reellen Lösungsraums der GDG (4.5) interessiert. Im komplexen Fall legen wir formal den gleichen Lösungsbegriff wie im Fall reellwertiger Lösungen zugrunde. Einsetzen jenes Ansatzes in (4.5) führt auf das Eigenwertproblem $Av - \lambda v = 0$ für die Systemmatrix A zur Bestimmung von $\lambda \in \mathbb{C}$ und $0 \neq v \in \mathbb{C}^n$.

Es seien $\lambda_1, \ldots, \lambda_n \in \mathbb{C}$ die nach algebraischer Vielfachheit gezählten Eigenwerte von A und $v^1, \ldots, v^m \in \mathbb{C}^n$ $(1 \leq m \leq n)$ zugehörige, linear unabhängige Eigenvektoren. Wir unterscheiden die folgenden Fälle:

i) Alle Eigenwerte λ_j von A sind reell und halbeinfach, d. h. ihre geometrischen und algebraischen Vielfachheiten stimmen jeweils überein. Dies ist beispielsweise bei einer symmetrischen Matrix $A = A^T$ der Fall. Dann kann man $m = n$ linear unabhängige reelle Eigenvektoren $v^1, \ldots, v^n$ finden. Damit bilden die Lösungen

$$\varphi^j(t) = v^j e^{\lambda_j t} \quad (j = 1, \ldots, n)$$

eine reelle Basis des n-dimensionalen reellen Lösungsraums der GDG (4.5). Dazu verweisen wir auf das Lemma [Lineare (Un)abhängigkeit] in Abschn. 4.1.

ii) Alle Eigenwerte λ_j von A sind halbeinfach, aber nicht notwendig reell. Da die Systemmatrix A reell ist, treten nicht-reelle Eigenwerte stets in Paaren komplex konjugierter Eigenwerte $\lambda_j = \alpha_j + i\beta_j$, $\lambda_{j+1} = \overline{\lambda_j} = \alpha_j - i\beta_j \in \mathbb{C}$ auf. Auch hier kann man dann $m = n$ linear unabhängige Eigenvektoren $v^1, \ldots, v^n$ finden, wobei die mit den reellen Eigenwerten λ_j assoziierten Eigenvektoren v^j reell und die mit Paaren λ_j, $\lambda_{j+1} = \overline{\lambda_j}$ assoziierten Eigenvektoren v^j, $v^{j+1} = \overline{v^j} \in \mathbb{C}^n$ komplex konjugiert gewählt werden können. Jedem derartigen Paar komplex konjugierter Eigenvektoren entspricht ein reelles Lösungspaar

$$\left.\begin{aligned} \varphi^j(t) &= \operatorname{Re}(v^j\, e^{\lambda_j t}) = \frac{1}{2}\big(v^j\, e^{\lambda_j t} + v^{j+1}\, e^{\lambda_{j+1} t}\big) \\ \varphi^{j+1}(t) &= \operatorname{Im}(v^j\, e^{\lambda_j t}) = \frac{1}{2i}\big(v^j\, e^{\lambda_j t} - v^{j+1}\, e^{\lambda_{j+1} t}\big) \end{aligned}\right\}, \quad t \in \mathbb{R},$$

der GDG (4.5) (Superpositionsprinzip). Diese Lösungspaare bilden zusammen mit den zu reellen Eigenwerten gehörenden Lösungen

$$\varphi^j(t) = v^j\, e^{\lambda_j t}$$

wieder eine reelle Basis des n-dimensionalen reellen Lösungsraums der GDG (4.5).

iii) Nicht alle Eigenwerte λ_j von A sind halbeinfach. Dann ist es bekanntlich möglich, die zu findenden $m < n$ linear unabhängigen Eigenvektoren durch so genannte Hauptvektoren zu einer Basis des $\mathbb{C}^n$ zu ergänzen. Gewissen Sequenzen dieser Eigen- und Hauptvektoren lassen sich dann analog zu den vorigen Fällen reelle bzw. Paare komplex konjugierter Lösungen der GDG (4.5) zuordnen, so dass man wieder auf systematische Weise zu einer reellen Basis des n-dimensionalen reellen Lösungsraums gelangt. Ist nämlich $v^j = v^{j_0}$ ein Eigenvektor von A zu einem Eigenwert λ_j, der nicht halbeinfach ist, und bilden die Vektoren v^{j_ℓ} eine zugehörige Sequenz linear unabhängiger Hauptvektoren der Stufe ℓ ($\ell = 1, \ldots, \ell_j$; $\ell_j \in \mathbb{N}$), d. h. $(A - \lambda_j E_n)^\ell v^{j_\ell} = v^{j_{\ell-1}}$, dann sind die Funktionen

$$\varphi^{j_r}(t) = \sum_{\ell=0}^{r} t^{r-\ell}\, v^{j_\ell}\, e^{\lambda_j t}, \quad t \in \mathbb{R}, \quad r = 0, 1, \ldots, \ell_j,$$

Lösungen der GDG (4.5). Dies lässt sich direkt nachrechnen. Ferner sind diese Lösungen linear unabhängig, da die Vektoren $v^{j_\ell} \in \mathbb{R}^n$ ($\ell = 0, 1, \ldots, \ell_j$) linear unabhängig sind. Dies gilt ebenso für die entsprechenden Lösungen zu mehreren linear unabhängigen Eigenvektoren v^j.

► **Bemerkung** Die unter i) und ii) beschriebenen Basislösungen von (4.5) sind für $t \in \mathbb{R}$ offensichtlich genau dann beschränkt, wenn $\operatorname{Re}\lambda_j = 0$ gilt. Für $\lambda_j = 0$ sind sie konstant und beschreiben Gleichgewichtspunkte im Phasenraum $\mathbb{R}^n$, während sie für $\lambda_j = \beta_j i \in \mathbb{C}$, $0 < \beta_j \in \mathbb{R}$, periodisch sind und periodische Orbits der Periode $2\pi/\beta_j$ beschreiben.

Im Fall $\operatorname{Re}\lambda_j < 0$ streben sie für $t \to +\infty$ exponentiell schnell gegen 0, während sie im Fall $\operatorname{Re}\lambda_j > 0$ für $t \to +\infty$ unbeschränkt (exponentiell) wachsen. Dagegen sind die unter iii) beschriebenen Basislösungen für $r \geq 1$ stets unbeschränkt und wachsen im Fall $\operatorname{Re}\lambda_j \geq 0$ für $t \to +\infty$ mindestens mit der algebraischen Rate r unbeschränkt, während sie im Fall $\operatorname{Re}\lambda_j < 0$ für $t \to +\infty$ (exponentiell schnell) gegen 0 streben. Dieses Verhalten führt auf die folgende, verfeinerte Version von Lyapunovs indirekter Methode zur Stabilitätsanalyse für den Gleichgewichtspunkt $x_G = 0$ einer homogenen linearen GDG 1. Ordnung mit konstanter Systemmatrix A:

- $\operatorname{Re}\lambda < 0$ für alle Eigenwerte λ von A $\iff$ $x_G = 0$ ist ein asymptotisch stabiler Gleichgewichtspunkt der GDG in (4.5) (im Sinne von Lyapunov).
- $\operatorname{Re}\lambda \leq 0$ für alle Eigenwerte λ von A, und λ ist halbeinfach, falls $\operatorname{Re}\lambda = 0$, $\iff$ $x_G = 0$ ist ein stabiler Gleichgewichtspunkt der GDG (4.5) (im Sinne von Lyapunov). Andernfalls ist $x_G = 0$ instabil.

Das untere Kriterium gilt nicht nur für den Gleichgewichtspunkt $x_G = 0$, sondern genauso für alle auf ganz $\mathbb{R}$ beschränkten Lösungen einer solchen Gleichung. Dies ergibt sich aus der Vektorraumstruktur der Lösungen. Neben Gleichgewichtspunkten und periodischen Lösungen sind auch die so genannten **quasiperiodischen Lösungen** beschränkt. Diese ergeben sich durch Superposition von endlich vielen periodischen Lösungen mit rational unabhängigen Perioden. Im Fall des oberen Kriteriums ist $x_G = 0$ die einzige beschränkte Lösung.

Wie im Laufe von Kap. 4 dargelegt, erlaubt die explizite Kenntnis einer Basis des Lösungsraums der GDG (4.5) insbesondere die explizite Konstruktion der Fundamentalmatrix $\Gamma(t;t_0)$. Somit lässt sich das zugehörige AWP mit einer Inhomogenität $h(t)$ beispielsweise mittels der Formel (4.3) lösen. Gelegentlich führt jedoch die Bestimmung von $c \in \mathbb{R}^n$ in irgendeiner Darstellung $\varphi_{\text{allg}}(t;c)$ der allgemeinen Lösung mittels der Anfangsbedingung $x(0) = x_0$ schneller zum Ziel. Alternativ zur Methode der Variation der Konstanten kann man versuchen, zur Bestimmung einer partikulären Lösung der inhomogenen GDG einen geeigneten Ansatz zu machen. Es ist nicht schwer, sich mit elementaren Methoden der Linearen Algebra davon zu überzeugen, dass im Fall konstanter Koeffizienten der Systemmatrix beispielsweise der Ansatz

$$\varphi_p(t) = Q(t)\,e^{\mu t}\,, \quad t \in \mathbb{R}\,,$$

funktioniert, falls die Inhomogenität die Form

$$h(t) = P(t)\,e^{\mu t}$$

mit einem Polynom $P : \mathbb{R} \to \mathbb{C}^n$ und $\mu \in \mathbb{C}$ hat. Hierbei ist $Q : \mathbb{R} \to \mathbb{C}^n$ als ein Polynom vom Grad

$$\operatorname{grad} Q = r + \operatorname{grad} P$$

mit unbestimmten Koeffizienten anzusetzen, wobei $r \in \mathbb{N}_0$ die (algebraische) Vielfachheit von μ als Eigenwert der Systemmatrix bezeichnet.

Wenn die Inhomogenität $h(t)$ aus einer endlichen Summe von Termen jener Form besteht, dann führt ein Ansatz für $\varphi_p(t)$ als endliche Summe entsprechender Terme zum Ziel (erweiterte Fassung des Superpositionsprinzips).

Beispiel

Exemplarisch lösen wir auf diese Weise das AWP (4.2) mit

$$A(t) = A = \begin{pmatrix} 1 & 0 \\ 0 & 2 \end{pmatrix}, \quad h(t) = ae^{2t}, \quad a = \begin{pmatrix} 1 \\ 1 \end{pmatrix}, \quad t_0 = 0, \quad x_0 = \begin{pmatrix} 0 \\ 1 \end{pmatrix}.$$

Diese Matrix A hat zwei verschiedene, und damit einfache, reelle Eigenwerte $\lambda_1 = 1$ und $\lambda_2 = 2$. Zugehörige Eigenvektoren sind durch die kanonischen Einheitsvektoren $v^1 = e_1$ bzw. $v^2 = e_2$ in $\mathbb{R}^2$ gegeben. Somit bilden die Funktionen

$$\varphi^1(t) = v^1 e^t \quad \text{und} \quad \varphi^2(t) = v^2 e^{2t}, \quad t \in \mathbb{R},$$

eine reelle Basis des 2-dimensionalen Lösungsraums der homogenen GDG $\dot{x} = Ax$, $x \in \mathbb{R}^2$, und

$$\varphi^h_{\text{allg}}(t; c) = c_1 v^1 e^t + c_2 v^2 e^{2t}, \quad t \in \mathbb{R}; \quad c = \begin{pmatrix} c_1 \\ c_2 \end{pmatrix} \in \mathbb{R}^2 \text{ beliebig},$$

ist eine Darstellung der allgemeinen Lösung dieser GDG. Zur Bestimmung einer partikulären Lösung $\varphi_p(t)$ der inhomogenen GDG $\dot{x} = Ax + h(t)$ machen wir aufgrund der Struktur der Inhomogenität und der Tatsache, dass $\mu = \lambda_2 = 2$ ein einfacher Eigenwert der Systemmatrix A ist, den Ansatz

$$\varphi_p(t) = (\alpha^0 + \alpha^1 t)e^{2t}, \quad t \in \mathbb{R},$$

mit unbestimmten Koeffizienten $\alpha^0, \alpha^1 \in \mathbb{R}^2$. Einsetzen in die inhomogene GDG und Koeffizientenvergleich führt auf die Bestimmungsgleichungen:

$$\begin{aligned} (A - 2E_2)\,\alpha^1 &= 0 \\ (A - 2E_2)\,\alpha^0 &= \alpha^1 - a \end{aligned}$$

Die obere Gleichung besagt, dass α^1 irgendein Eigenvektor von A zum Eigenwert $\lambda_2 = 2$ sein muss. Damit die untere Gleichung lösbar ist, bestimmen wir α^1 so, dass $\alpha^1 - a \in (A - 2E_2)\mathbb{R}^2$ gilt, d. h. $\langle \alpha^1 - a, v^2 \rangle = 0 \iff \alpha^1 = \langle a, v^2 \rangle v^2 = v^2 = e_2$. Somit ist die untere Gleichung bzgl. α^0 eindeutig bis auf ein Vielfaches des Eigenvektors v^2 lösbar, z. B. durch $\alpha^0 = v^1 = e_1$. Damit ergibt sich

$$\varphi_p(t) = (v^1 + v^2 t)e^{2t} = \begin{pmatrix} 1 \\ t \end{pmatrix} e^{2t}, \quad t \in \mathbb{R},$$

und für die allgemeine Lösung der inhomogenen GDG $\dot{x} = Ax + h(t)$:

$$\begin{aligned} \varphi_{\text{allg}}(t; c) &= \varphi_p(t) + \varphi^h_{\text{allg}}(t; c) \\ &= \begin{pmatrix} 1 \\ t \end{pmatrix} e^{2t} + \begin{pmatrix} c_1 e^t \\ c_2 e^{2t} \end{pmatrix}, \quad t \in \mathbb{R}; \quad c = \begin{pmatrix} c_1 \\ c_2 \end{pmatrix} \in \mathbb{R}^2 \text{ beliebig} \end{aligned}$$

Die Anfangsbedingung $x(0) = x_0 = e_2$ führt schließlich auf folgende Bestimmungsgleichungen für $c_1, c_2 \in \mathbb{R} : 1 + c_1 = 0\,,\ c_2 = 1 \iff c_1 = -1, c_2 = 1$. Also ist

$$\varphi(t) = \begin{pmatrix} e^{2t} - e^t \\ (t+1)\, e^{2t} \end{pmatrix}, \qquad t \in \mathbb{R}\,,$$

die eindeutige Lösung des betreffenden AWPs.

4.4 Übungsaufgaben

4.1 Seien $a, b \in \mathbb{R}$. Berechnen Sie die Fundamentallösung der inhomogenen linearen GDG mit konstanten Koeffizienten ($t, x_1, x_2 \in \mathbb{R}$)

$$\begin{pmatrix} \dot{x}_1 \\ \dot{x}_2 \end{pmatrix} = \begin{pmatrix} 0 & 1 \\ -a & -b \end{pmatrix} \begin{pmatrix} x_1 \\ x_2 \end{pmatrix} + \begin{pmatrix} 0 \\ \sin t \end{pmatrix}$$

im Fall $a = 1, b = 2$ sowie im Fall $a = 3, b = 4$. Man skizziere im zweiten Fall einige Integralkurven.

4.2⋆ a) (**Reduktionsverfahren von d'Alembert**[2]) Gegeben sei die homogene lineare GDG im $\mathbb{R}^n$

$$\dot{x} = A(t)\, x\,, \tag{$\star$}$$

wobei $A(t) = \big(a_{ik}(t)\big)_{i,k=1,\ldots,n}$ bzgl. t auf dem Intervall $J \subset \mathbb{R}$ stetig sei. Ist $x = x(t) = (x_1(t), \ldots, x_n(t))^T$ eine Lösung auf dem offenen Intervall $\tilde{J} \subset J$ mit $x_1(t) \neq 0$ für $t \in \tilde{J}$, so definieren wir die $(n-1, n-1)$-Matrix $B(t) = \big(b_{ik}(t)\big)_{i,k=1,\ldots,n-1}$ durch:

$$b_{ik}(t) := a_{(i+1)(k+1)}(t) - a_{1(k+1)}(t) x_{i+1}(t)/x_1(t) \qquad \text{für } 1 \leq i,\ k \leq n-1$$

Zeigen Sie: Ist $y = y(t) = (y_1(t), \ldots, y_{n-1}(t))^T$ eine von der Nullfunktion verschiedene Lösung der Differentialgleichung

$$\dot{y} = B(t)\, y\,, \quad (t, y) \in \tilde{J} \times \mathbb{R}^{n-1}\,,$$

und $z = z(t)$ eine Lösung von

$$\dot{z} = \frac{1}{x_1(t)} \sum_{k=2}^{n} a_{1k}(t) y_{k-1}(t)\,, \quad (t, z) \in \tilde{J} \times \mathbb{R}\,,$$

dann ist

$$x = \tilde{x}(t) = z(t)x(t) + \begin{pmatrix} 0 \\ y(t) \end{pmatrix}$$

eine von $x(t)$ linear unabhängige Lösung von ($\star$) auf dem Intervall $\tilde{J}$.

[2] Jean-Baptiste le Rond d'Alembert (1717–1783); Paris

b) Berechnen Sie die allgemeine Lösung der inhomogenen GDG ($t > 0, x_1, x_2 \in \mathbb{R}$)

$$\begin{pmatrix} \dot{x}_1 \\ \dot{x}_2 \end{pmatrix} = \begin{pmatrix} -1 & 1/t \\ (1-t) & 1 \end{pmatrix} \begin{pmatrix} x_1 \\ x_2 \end{pmatrix} + \begin{pmatrix} \ln(t) + 1/t \\ (t-1)\ln(t) \end{pmatrix}.$$

Hinweis: $x = x(t) = (1, t)^T$ ist eine Lösung der zugehörigen homogenen Gleichung.

4.3 Sei

$$A = \begin{pmatrix} 1 & 0 & 0 \\ 0 & 2 & 1 \\ 0 & 0 & 2 \end{pmatrix}.$$

a) Berechnen Sie e^{At} und $\left(e^{At}\right)^{-1}$, $t \in \mathbb{R}$.
b) Lösen Sie das Anfangswertproblem ($t, x_1, x_2, x_3 \in \mathbb{R}$)

$$\begin{pmatrix} \dot{x}_1 \\ \dot{x}_2 \\ \dot{x}_3 \end{pmatrix} = A \begin{pmatrix} x_1 \\ x_2 \\ x_3 \end{pmatrix} + \begin{pmatrix} \sin t \\ 0 \\ 0 \end{pmatrix}, \quad \begin{pmatrix} x_1(0) \\ x_2(0) \\ x_3(0) \end{pmatrix} = \begin{pmatrix} 1 \\ 1 \\ 1 \end{pmatrix}.$$

4.4 Sei

$$A = \begin{pmatrix} 2 & 3 \\ 3 & 2 \end{pmatrix}.$$

a) Berechnen Sie die allgemeine Lösung der Gleichung ($x \in \mathbb{R}^2$)

$$\dot{x} = Ax.$$

b) Skizzieren Sie das Phasenportrait.
c) Bestimmen Sie die Gleichgewichtspunkte und untersuchen Sie diese auf Stabilität, asymptotische Stabilität bzw. Instabilität.
d) Bestimmen Sie die allgemeine Lösung von ($t \in \mathbb{R}$)

$$\dot{x} = Ax + \begin{pmatrix} t \\ 0 \end{pmatrix}.$$

4.5 Für $t > 0$ sei

$$B(t) = \begin{pmatrix} \frac{2}{t} & 0 \\ -\frac{4}{t^3} & \frac{4}{t} \end{pmatrix}.$$

a) Berechnen Sie eine Basis des Vektorraums aller Lösungen von

$$\dot{x} = B(t)x \quad (t > 0,\ x \in \mathbb{R}^2). \tag{$\star$}$$

Hinweis: $x(t) = (t^2, 1)^T$ ist eine Lösung von ($\star$).

b) Bestimmen Sie für ($\star$) die Fundamentalmatrix zum Anfangswert $t_0 = 1$, $\Gamma = \Gamma(t; 1)$, und benutzen Sie diese, um das zugehörige Anfangswertproblem mit der Anfangsbedingung $x(1) = (2, 3)^T$ zu lösen.

4.6 Sei

$$A = \begin{pmatrix} 3 & 1 \\ 0 & 3 \end{pmatrix}.$$

Wir betrachten die Differentialgleichung ($x \in \mathbb{R}^2$)

$$\dot{x} = Ax \,.$$

a) Berechnen Sie eine Basis des Vektorraums aller Lösungen.
b) Bestimmen Sie eine Basis des Vektorraums aller Lösungen von

$$\dot{x} = -Ax \,.$$

c) Lösen Sie das Anfangswertproblem

$$\dot{x} = Ax + \begin{pmatrix} 1 \\ 0 \end{pmatrix}, \qquad x(0) = \begin{pmatrix} 0 \\ 2 \end{pmatrix}.$$

4.7 Berechnen Sie die Fundamentallösung der inhomogenen linearen Differentialgleichung mit konstanter Systemmatrix ($t, x_1, x_2 \in \mathbb{R}$)

$$\begin{pmatrix} \dot{x}_1 \\ \dot{x}_2 \end{pmatrix} = \begin{pmatrix} 0 & 2 \\ -2 & -4 \end{pmatrix} \begin{pmatrix} x_1 \\ x_2 \end{pmatrix} + \begin{pmatrix} 0 \\ \cos t \end{pmatrix}.$$

4.8 Sei

$$A = \begin{pmatrix} 1 & 0 & 0 \\ 2 & 1 & 0 \\ 0 & 0 & 0 \end{pmatrix}.$$

a) Berechnen Sie e^{At}, $t \in \mathbb{R}$.
b) Bestimmen Sie eine Basis des Vektorraums aller Lösungen der GDG ($x \in \mathbb{R}^3$)

$$\dot{x} = Ax \,. \tag{$\star$}$$

c) Bestimmen Sie alle Gleichgewichtspunkte von ($\star$) und untersuchen Sie diese auf Stabilität, asymptotische Stabilität bzw. Instabilität.
d) Lösen Sie das Anfangswertproblem ($t, x_1, x_2, x_3 \in \mathbb{R}$)

$$\begin{pmatrix} \dot{x}_1 \\ \dot{x}_2 \\ \dot{x}_3 \end{pmatrix} = A \begin{pmatrix} x_1 \\ x_2 \\ x_3 \end{pmatrix} + \begin{pmatrix} 0 \\ 0 \\ e^{2t} \end{pmatrix}, \qquad \begin{pmatrix} x_1(0) \\ x_2(0) \\ x_3(0) \end{pmatrix} = \begin{pmatrix} 1 \\ 1 \\ 0 \end{pmatrix}.$$

4.9 Sei

$$A = \begin{pmatrix} 0 & 1 & 0 \\ 0 & 0 & 1 \\ 0 & 0 & 0 \end{pmatrix}.$$

a) Berechnen Sie eine Basis des reellen Lösungsraums der linearen Differentialgleichung ($t \in \mathbb{R}$, $x \in \mathbb{R}^3$)

$$\dot{x} = Ax .$$

b) Zeigen Sie, dass e^{At} invertierbar ist und berechnen Sie $(e^A)^{-1}$.

c) Lösen Sie das Anfangswertproblem

$$\begin{pmatrix} \dot{x}_1 \\ \dot{x}_2 \\ \dot{x}_3 \end{pmatrix} = A \begin{pmatrix} x_1 \\ x_2 \\ x_3 \end{pmatrix} + \begin{pmatrix} 1 \\ 1 \\ 0 \end{pmatrix}, \qquad \begin{pmatrix} x_1(0) \\ x_2(0) \\ x_3(0) \end{pmatrix} = \begin{pmatrix} 1 \\ 1 \\ 1 \end{pmatrix}.$$

4.10 Für $t \in \mathbb{R}$ sei

$$A(t) = \begin{pmatrix} t & 0 & 0 \\ 0 & 3 & 2 \\ 0 & 0 & 3 \end{pmatrix}.$$

a) Berechnen Sie eine Basis $\varphi^1(t), \varphi^2(t), \varphi^3(t)$ des Lösungsraums der linearen Differentialgleichung ($x \in \mathbb{R}^3$)

$$\dot{x} = A(t)x$$

derart, dass

$$\varphi^1(0) = \begin{pmatrix} 0 \\ 2 \\ 0 \end{pmatrix}, \quad \varphi^2(0) = \begin{pmatrix} 0 \\ 0 \\ 3 \end{pmatrix}, \quad \varphi^3(0) = \begin{pmatrix} 1 \\ 1 \\ 0 \end{pmatrix}.$$

b) Lösen Sie das Anfangswertproblem

$$\begin{pmatrix} \dot{x}_1 \\ \dot{x}_2 \\ \dot{x}_3 \end{pmatrix} = A(t) \begin{pmatrix} x_1 \\ x_2 \\ x_3 \end{pmatrix} + \begin{pmatrix} t \\ 0 \\ 0 \end{pmatrix}, \qquad \begin{pmatrix} x_1(0) \\ x_2(0) \\ x_3(0) \end{pmatrix} = \begin{pmatrix} 2 \\ 1 \\ 1 \end{pmatrix}.$$

4.11 Gegeben sei das System von Differentialgleichungen ($t, x_1, x_2, x_3 \in \mathbb{R}$):

$$\begin{aligned} \dot{x}_1 &= x_2 \\ \dot{x}_2 &= -x_1 \\ \dot{x}_3 &= x_1 + x_2 \end{aligned}$$

a) Bestimmen Sie die allgemeine Lösung.
b) Zeigen Sie, dass $x_G := (0,0,0)^T$ ein Gleichgewichtspunkt ist und untersuchen Sie, ob x_G stabil, asymptotisch stabil bzw. instabil ist.
c) Gibt es weitere Gleichgewichtspunkte? Begründen Sie Ihre Antwort.

4.12* Man beweise die Aussage im Satz [Lyapunovs indirekte Methode] (Abschn. 2.2) zur asymptotischen Stabilität des Gleichgewichtspunkts $x_G \in M$ der GDG (2.3) mittels Konstruktion einer geeigneten strikten Lyapunov-Funktion $F(x) = (x - x_G)^T P(x - x_G)$, $x \in \mathbb{R}^n$, wobei $P = P^T \in \mathbb{R}^{(n,n)}$ eine positiv definite, symmetrische Matrix sei.

Hinweis: Unter den betreffenden Voraussetzungen hat die so genannte **Lyapunov-Gleichung**

$$A^T P + PA = -\tilde{P}$$

für jede positiv definite Matrix $\tilde{P} = \tilde{P}^T \in \mathbb{R}^{(n,n)}$ eine eindeutige Lösung $P = \int_0^\infty e^{A^T\tau}\tilde{P}e^{A\tau}\,d\tau$ mit den gewünschten Eigenschaften, wobei $A = Jv(x_G)$. Die nahe liegende Wahl $P = E_n$ funktioniert i. Allg. nicht, wie das Beispiel

$$A = \begin{pmatrix} 0 & 1 \\ -6 & -5 \end{pmatrix} \in \mathbb{R}^{(2,2)}$$

zeigt.

4.13 Man verwende den Satz [Hartman-Grobman] (Abschn. 2.5), um den Satz [Lyapunovs indirekte Methode] (Abschn. 2.2) für einen hyperbolischen Gleichgewichtspunkt $x_G \in M$ der GDG (2.3) zu beweisen.

GDGn höherer Ordnung

5

Eine wichtige Klasse von GDGn höherer Ordnung, auf welche sich die in den vorherigen Kapiteln entwickelte Theorie für GDGn 1. Ordnung anwenden lässt, sind die expliziten skalaren GDGn n. Ordnung ($n \in \mathbb{N}$). Wie diese Anwendung funktioniert und einige Ergänzungen dazu, ist der Inhalt dieses Kapitels. Neben dem zugehörigen AWP werden exemplarisch auch Rand- und Eigenwertprobleme für skalare lineare GDGn 2. Ordnung in Abschn. 5.4 bzw. 5.5 behandelt. Für allgemeines n haben jene GDGn die Gestalt

$$\tilde{x}^{(n)} = \tilde{\Psi}(t, \tilde{x}, \dot{\tilde{x}}, \ddot{\tilde{x}}, \dots, \tilde{x}^{(n-1)}), \quad (t, \tilde{x}, \dot{\tilde{x}}, \dots, \tilde{x}^{(n-1)}) \in U \subset \mathbb{R} \times \mathbb{R}^n, \tag{5.1}$$

wobei $\tilde{\Psi} : U \to \mathbb{R}$ auf einer offenen Teilmenge U von $\mathbb{R} \times \mathbb{R}^n$ definiert ist; die unabhängige Variable $t \in \mathbb{R}$ ist skalar; $\tilde{x}, \dot{\tilde{x}}, \dots, \tilde{x}^{(n-1)}, \tilde{x}^{(n)} \in \mathbb{R}$ sind $n + 1$ abhängige Variablen, welche für die gesuchte Lösungsfunktion $\tilde{x} = \tilde{\varphi}(t)$ und deren Ableitungen bzgl. t bis einschließlich der Ordnung n stehen. Wenn $\tilde{\Psi}$ nicht explizit von t abhängt, dann ist die GDG (5.1) autonom, wobei $U = \mathbb{R} \times M$ gelte mit $M \subset \mathbb{R}^n$ offen. Andernfalls ist sie nicht-autonom.

Systeme von mehreren gekoppelten skalaren GDGn der Form (5.1) behandelt man komponentenweise entsprechend einer einzelnen. Die Formulierung dieser Verallgemeinerung überlassen wir den interessierten Lesern selbst, ebenso wie die Berücksichtigung eines Parameters $\mu \in \Lambda \subset \mathbb{R}^p$, $p \in \mathbb{N}$, von dem $\tilde{\Psi}$ möglicherweise zusätzlich abhängt. Letzteres lässt sich genauso bewerkstelligen wie in den Kapiteln zuvor.

Definition (Lösungsbegriff für (5.1))

Eine n-fach differenzierbare Funktion $\tilde{\varphi} : I = (a, b) \subset \mathbb{R} \to \mathbb{R}$, $-\infty \le a < b \le \infty$, heißt **Lösung von** (5.1), falls für alle $t \in I$ gilt:

$$\big(t, \tilde{\varphi}(t), \dot{\tilde{\varphi}}(t), \dots, \tilde{\varphi}^{(n-1)}(t)\big)^T \in U, \quad \tilde{\varphi}^{(n)}(t) = \tilde{\Psi}\big(t, \tilde{\varphi}(t), \dot{\tilde{\varphi}}(t), \dots, \tilde{\varphi}^{(n-1)}(t)\big)$$

J. Scheurle, *Gewöhnliche Differentialgleichungen*, Mathematik Kompakt,
DOI 10.1007/978-3-319-55604-8_5

Das offene Intervall I ist das zugehörige Existenzintervall. Es ist das maximale Existenzintervall, wenn $\tilde{\varphi}$ als Lösung von (5.1) nicht über I hinaus fortgesetzt werden kann. Gilt $I = \mathbb{R}$, dann ist $\tilde{\varphi}$ eine globale Lösung.

Es zeigt sich, dass man die GDG (5.1) so in eine GDG 1. Ordnung im $\mathbb{R}^n$ umformen kann, dass gilt ($t \in I$):

$$\tilde{x} = \tilde{\varphi}(t) \text{ ist Lösung von (5.1)} \quad \Longleftrightarrow$$
$$x = \varphi(t) = \left(\tilde{\varphi}(t), \dot{\tilde{\varphi}}(t), \ddot{\tilde{\varphi}}(t), \ldots, \tilde{\varphi}^{(n-1)}(t)\right)^T \text{ ist Lösung der umgeformten GDG}$$

In diesem Sinne sind diese beiden GDGn äquivalent. Dazu setzen wir $\tilde{x} = x_1$, sowie

$$\begin{aligned}
(\dot{\tilde{x}} &=)\ \dot{x}_1 = x_2 \\
(\ddot{\tilde{x}} &=)\ \dot{x}_2 = x_3 \\
&\ \ \vdots \\
(\tilde{x}^{(n-1)} &=)\ \dot{x}_{n-1} = x_n \\
(\tilde{x}^{(n)} &=)\ \dot{x}_n = \tilde{\Psi}(t, x_1, x_2, \ldots, x_n)\,.
\end{aligned} \tag{5.1$\star$}$$

Dies ist die komponentenweise Darstellung einer GDG der Form (2.1) im nicht-autonomen Fall, und der Form (2.3) im autonomen Fall mit $\Psi(t,x) = (x_2, x_3, \ldots, x_n, \tilde{\Psi}(t, x_1, x_2, \ldots, x_n))^T$ bzw. $v(x) = (x_2, x_3, \ldots, x_n, \tilde{\Psi}(x_1, x_2, \ldots, x_n))^T$, $(t,x) \in U$, $x = (x_1, \ldots, x_n)^T \in \mathbb{R}^n$ und $\dot{x} = (\dot{x}_1, \dot{x}_2, \ldots, \dot{x}_n)^T \in \mathbb{R}^n$.

Auf diese Weise kann man also die in den Kapiteln zuvor entwickelte Theorie auf GDGn n. Ordnung der Form (5.1) anwenden. Ebenso lassen sich die zuvor eingeführten Begriffe und Konzepte auf diese Weise auf GDGn der Form (5.1) übertragen. Im Folgenden beschränken wir uns diesbezüglich auf einige grundlegende Ausführungen.

5.1 Das zugehörige Anfangswertproblem (AWP)

Im Sinne der beschriebenen Äquivalenz der GDGn (5.1) und (5.1$\star$) entsprechen sich die Anfangsbedingung $x(t_0) = x_0 = (x_{01}, \ldots, x_{0n})^T \in \mathbb{R}^n$, $(t_0, x_0) \in U$, für (5.1$\star$) und die folgenden Anfangsbedingungen für (5.1):

$$\tilde{x}(t_0) = x_{01}\,, \quad \dot{\tilde{x}}(t_0) = x_{02}\,, \quad \ldots, \quad \tilde{x}^{(n-1)}(t_0) = x_{0n}$$

Eine Lösung $\tilde{x} = \tilde{\varphi}(t)$, $t \in I$, von (5.1) erfüllt diese Anfangsbedingungen, falls $t_0 \in I$ und

$$\tilde{\varphi}(t_0) = x_{01}\,, \quad \dot{\tilde{\varphi}}(t_0) = x_{02}\,, \quad \ldots, \quad \tilde{\varphi}^{(n-1)}(t_0) = x_{0n}$$

gilt. Gegebenenfalls löst $\tilde{\varphi}$ das AWP

$$\begin{aligned} \tilde{x}^{(n)} &= \tilde{\Psi}(t, \tilde{x}, \dot{\tilde{x}}, \ldots, \tilde{x}^{(n-1)}), \quad (t, \tilde{x}, \dot{\tilde{x}}, \ldots, \tilde{x}^{(n-1)}) \in U \subset \mathbb{R} \times \mathbb{R}^n \\ \tilde{x}(t_0) &= x_{01} \\ &\vdots \\ \tilde{x}^{(n-1)}(t_0) &= x_{0n}\,. \end{aligned} \tag{5.2}$$

Unter der Voraussetzung, dass dieses für alle $(t_0, x_{01}, \ldots, x_{0n})^T \in U$ eindeutig lösbar ist, definiert die Lösungsfunktion $\tilde{\varphi}(t; t_0, x_0)$ im maximalen Existenzintervall die Fundamentallösung und damit auch eine Darstellung der allgemeinen Lösung der GDG (5.1). Mit den offensichtlichen Modifikationen gelten für das AWP (5.2) der Satz [Picard-Lindelöf, globale Version], der Satz [Maximale Fortsetzung der lokalen Lösung] sowie die Sätze im Abschn. 3.2. Dies liegt daran, dass die Voraussetzungen dieser Sätze für die rechte Seite $\Psi(t, x)$ der GDG (5.1⋆) aufgrund ihrer besonderen Struktur genau dann erfüllt sind, wenn die Funktion $\tilde{\Psi} : U \to \mathbb{R}; (t, x) \mapsto \tilde{\Psi}(t, x)$ die entsprechenden Eigenschaften besitzt.

Im autonomen Fall hat die Fundamentallösung der GDG (5.1) wieder die spezielle Struktur

$$\tilde{\varphi}(t; t_0, x_0) = \tilde{\varphi}(t - t_0; 0, x_0) =: \tilde{\varphi}(t - t_0, x_0)\,.$$

Der zugehörige Phasenraum $M \subset \mathbb{R}^n$ wird hier als Teilmenge des $(\tilde{x}, \dot{\tilde{x}}, \ldots, \tilde{x}^{(n-1)})$-Raums aufgefasst und das allgemeine Konzept des Phasenraums in vollem Umfang entsprechend interpretiert. Dies gilt auch für den erweiterten Phasenraum $U \subset \mathbb{R} \times \mathbb{R}^n$.

Ein konkretes Beispiel einer GDG der Form (5.1) ist die Newtonsche[1] Bewegungsgleichung für ein Masseteilchen mit Freiheitsgrad 1. Dabei ist $n = 2$. Wir weisen darauf hin, dass für $n = 2$ die Wohlgestelltheit des AWPs (5.2) konsistent ist mit dem in der **Newtonschen Mechanik** postulierten Determinismus von Bewegungen eines Masseteilchens durch den Anfangsort und die Anfangsgeschwindigkeit ([5], [30]).

Beispiel (Ebenes mathematisches Pendel im Rahmen der Newtonschen Mechanik)
Auf einen masselosen starren Stab der Länge $\ell > 0$, der in einer Ebene an einem Ende drehbar gelagert ist und an dessen anderem Ende ein Teilchen mit Masse $m > 0$ befestigt ist, wirke die Gravitationskraft vom Betrag $G = mg$ (siehe Abb. 5.1a). Den Auslenkungswinkel bzgl. der in Richtung der Gravitationskraft weisenden Ruhelage bezeichnen wir mit φ, d. h. auf das sich in Richtung von φ bewegende Masseteilchen wirken die entsprechenden Komponenten $-m\ell\ddot{\varphi}$, $R = -mg\sin\varphi$ und $D = -\delta\dot{\varphi}$ der Trägheitskraft, der Gravitationskraft sowie gegebenenfalls der Dämpfungskraft (Reibungskraft), wobei $\delta \geq 0$ ein Dämpfungsfaktor ist. Nach dem Newtonschen Beschleunigungsgesetz gilt daher für φ in Abhängigkeit von der Zeit t die skalare GDG 2. Ordnung

$$\ddot{\varphi} = -\frac{g}{\ell}\sin\varphi - \frac{\delta}{m}\dot{\varphi}\,.$$

Dies ist die Newtonsche Bewegungsgleichung für das vorliegende mechanische System. Nach Reskalierung der Zeitvariablen gemäß $t \mapsto \sqrt{\frac{g}{\ell}}t$ und indem man $\tilde{\delta} := \frac{\delta}{m}\sqrt{\frac{\ell}{g}}$ setzt, ergibt sich deren

[1] Isaac Newton (1643–1727); Cambridge

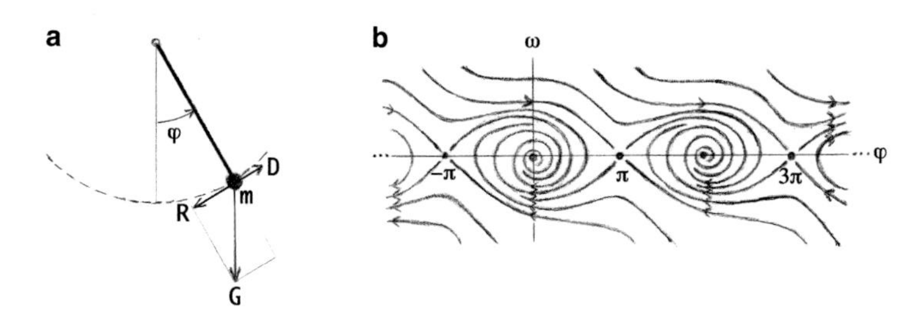

Abb. 5.1 **a** Ebenes mathematisches Pendel und **b** Phasenportrait zur zugehörigen Newtonschen Bewegungsgleichung im gedämpften Fall

dimensionslose Form jener Pendelgleichung

$$\ddot{\varphi} = -\sin\varphi - \tilde{\delta}\,\dot{\varphi}\,, \quad (t, \varphi) \in \mathbb{R} \times \mathbb{R}\,,$$

welche zu folgender GDG 1. Ordnung im $\mathbb{R}^2$ äquivalent ist, wobei ω die (dimensionslose) Variable für die Winkelgeschwindigkeit ist:

$$\dot{\varphi} = \omega$$
$$\dot{\omega} = -\sin\varphi - \tilde{\delta}\,\omega$$

Die (φ, ω)-Ebene ist die zugehörige Phasenebene. Abb. 5.1b zeigt das Phasenportrait für ein $\tilde{\delta} > 0$ (gedämpfter Fall). Sowohl im ungedämpften Fall ($\tilde{\delta} = 0$) als auch im gedämpften Fall befinden sich Sattelpunkte bei $\varphi = k\pi,\ \omega = 0$ $(k \in \mathbb{Z})$. Im ungedämpften Fall sind die Gleichgewichtspunkte bei $\varphi = 2k\pi,\ \omega = 0$ $(k \in \mathbb{Z})$ Zentren, also stabil. Im gedämpften Fall sind sie stabile Strudel, also asymptotisch stabil. Außerdem existieren heterokline Orbits, welche im ungedämpften Fall direkt aufeinander folgende Sattelpunkte paarweise miteinander verbinden. Im gedämpften Fall verbinden sie die Sattelpunkte mit den benachbarten Strudeln. Die übrigen Orbits sind in beiden Fällen unbeschränkt. Der Leser möge sich selbst ein Bild von den jeweiligen Pendelbewegungen machen, welche durch jene Typen von Orbits beschrieben werden.

5.2 Der lineare Fall

Eine explizite skalare lineare GDG n. Ordnung ($n \in \mathbb{N}$) hat die allgemeine Gestalt

$$\tilde{x}^{(n)} = a_{n-1}(t)\tilde{x}^{(n-1)} + \cdots + a_0(t)\tilde{x} + \tilde{h}(t)\,, \quad (t, \tilde{x}, \dot{\tilde{x}}, \ldots, \tilde{x}^{(n-1)}) \in U = J \times \mathbb{R}^n\,, \tag{5.3}$$

wobei $J \subset \mathbb{R}$ ein offenes Intervall sei. Wir setzen voraus, dass die Koeffizienten a_k : $J \to \mathbb{R}$ $(k = 0, \ldots, n-1)$ sowie die Inhomogenität $\tilde{h} : J \to \mathbb{R}$ als Funktionen von t wenigstens stetig sind. Ist $\tilde{h}(t) \equiv 0$, dann ist die GDG (5.3) homogen, sonst inhomogen. Die zur GDG (5.3) äquivalente lineare GDG 1. Ordnung im $\mathbb{R}^n$, die wir im Folgenden mit

(5.3★) nummerieren werden, hat die Form (4.1) mit der Systemmatrix

$$A(t) = \begin{pmatrix} 0 & 1 & 0 & \dots & 0 \\ \vdots & 0 & 1 & & \vdots \\ \vdots & \vdots & 0 & & \vdots \\ \vdots & \vdots & \vdots & & 1 \\ a_0(t) & a_1(t) & a_2(t) & \dots & a_{n-1}(t) \end{pmatrix} \in \mathbb{R}^{(n,n)}$$

und der Inhomogenität

$$h(t) = \begin{pmatrix} 0 \\ \vdots \\ 0 \\ \tilde{h}(t) \end{pmatrix} \in \mathbb{R}^n .$$

Diese Funktionen von $t \in J$ sind offensichtlich so glatt wie die Koeffizientenfunktionen a_k bzw. die skalare Inhomogenität $\tilde{h}$.

Zur Behandlung der linearen GDG (5.3) und des zugehörigen AWPs lassen sich also die Theorie und die Methoden aus Kap. 4 anwenden, indem man zur äquivalenten linearen GDG 1. Ordnung im $\mathbb{R}^n$ bzw. zum entsprechenden AWP (4.2) übergeht. Gelegentlich ist allerdings ein direkter Zugang von Vorteil, z. B. hinsichtlich des Rechenaufwandes bei der expliziten Konstruktion von Lösungen. Das werden wir im Fall konstanter Koeffizienten $a_k(t) \equiv a_k$ noch demonstrieren.

Die Äquivalenz impliziert, dass die Lösungsräume von den GDGn (5.3) und (5.3★) im homogenen Fall isomorphe Vektorräume und im inhomogenen Fall isomorphe affine Räume sind. Der Isomorphismus ist durch die Abbildung gegeben, die einer n-fach differenzierbaren Funktion $\tilde{\varphi} : I \to \mathbb{R}$ die differenzierbare Funktion $\varphi : I \to \mathbb{R}^n$; $t \mapsto \left(\tilde{\varphi}(t), \dot{\tilde{\varphi}}(t), \dots, \tilde{\varphi}^{(n-1)}(t)\right)^T$ zuordnet. Der Lösungsraum der GDG (5.3) ist also sowohl im homogenen als auch im inhomogenen Fall n-dimensional wie derjenige der GDG (5.3★).

Ferner führt jener Isomorphismus bzw. der inverse Isomorphismus die Fundamentallösung sowie andere Darstellungen der allgemeinen Lösung von den beiden GDGn (5.3) und (5.3★) umkehrbar eindeutig ineinander über. Dies impliziert, dass die Fundamentallösung der GDG (5.3) wie diejenige der GDG (5.3★) im homogenen Fall linear bzgl. des Datenvektors x_0 ist. Ferner hat die allgemeine Lösung der GDG (5.3) (allgemeine inhomogene Lösung) die Darstellung

$$\tilde{\varphi}_{\text{allg}}(t; c) = \tilde{\varphi}_p(t) + \tilde{\varphi}^h_{\text{allg}}(t; c) , \quad t \in J, \quad c = (c_1, \dots, c_n)^T \in \mathbb{R}^n \text{ beliebig}$$

mit einer partikulären Lösung $\tilde{\varphi}_p(t)$ der inhomogenen GDG und der allgemeinen homogenen Lösung

$$\tilde{\varphi}^h_{\text{allg}}(t;c) = \sum_{j=1}^{n} c_j \tilde{\varphi}^j(t)$$

der zugehörigen homogenen GDG. Dabei bezeichnen wir mit $\tilde{\varphi}^1(t), \ldots, \tilde{\varphi}^n(t)$ irgendeine Basis des Lösungsraums von Letzterer. Zur Verifikation der Basiseigenschaft ist das folgende Lemma von Bedeutung.

Lemma (Lineare (Un)abhängigkeit, skalare GDGn) *Im homogenen Fall sind Lösungen $\tilde{\varphi}^1(t), \ldots, \tilde{\varphi}^m(t)$ ($m \in \mathbb{N}$) der GDG (5.3) genau dann linear (un)abhängig als Funktionen von $t \in J$, wenn die Lösungen $\varphi^j(t) = \left(\tilde{\varphi}^j(t), \dot{\tilde{\varphi}}^j(t), \ldots, (\tilde{\varphi}^j)^{(n-1)}(t)\right)^T$ ($j = 1, \ldots, m$) der äquivalenten GDG (5.3⋆) als Funktionen von $t \in J$ linear (un)abhängig sind. Somit sind $m = n$ Lösungen $\tilde{\varphi}^j(t)$ genau dann linear (un)abhängig als Funktionen von $t \in J$, wenn die Wronski-Determinante der entsprechenden Lösungen $\varphi^j(t)$*

$$\begin{vmatrix} \tilde{\varphi}^1(t) & \ldots & \tilde{\varphi}^n(t) \\ \dot{\tilde{\varphi}}^1(t) & \ldots & \dot{\tilde{\varphi}}^n(t) \\ \vdots & & \vdots \\ (\tilde{\varphi}^1)^{(n-1)}(t) & \ldots & (\tilde{\varphi}^n)^{(n-1)}(t) \end{vmatrix} := \tilde{W}(\tilde{\varphi}^1, \ldots, \tilde{\varphi}^n)(t)$$

für irgendein $t \in J$ und damit für alle $t \in J$ (un)gleich Null ist. (Denn sie genügt für $t \in J$ selbst einer GDG 1. Ordnung; vgl. Übungsaufgabe 5.8 a).) Wir nennen $\tilde{W}(\tilde{\varphi}^1, \ldots, \tilde{\varphi}^n)(t)$ die ***(assoziierte) Wronski-Determinante*** *der Lösungen $\tilde{\varphi}^1(t), \ldots, \tilde{\varphi}^n(t)$.*

Beweisskizze Die erste Aussage des Lemmas ist eine Konsequenz der Isomorphie der Lösungsräume von den GDGn (5.3) und (5.3⋆) unter dem oben beschriebenen Isomorphismus.

Die zweite Aussage des Lemmas ist eine Konsequenz der ersten unter Berücksichtigung des Lemmas [Lineare (Un)abhängigkeit] in Abschn. 4.1. □

5.3 Der lineare Fall mit konstanten Koeffizienten

Im Fall konstanter Koeffizienten $a_k(t) \equiv a_k \in \mathbb{R}$ ($k = 0, \ldots, n-1$) schreiben wir die GDG (5.3) in der Form

$$\tilde{x}^{(n)} - a_{n-1}\tilde{x}^{(n-1)} - \cdots - a_0\tilde{x} = \tilde{h}(t), \quad (t, \tilde{x}, \dot{\tilde{x}}, \ldots, \tilde{x}^{(n-1)}) \in U = J \times \mathbb{R}^n. \quad (5.4)$$

Dafür konstruieren wir für $t \in \mathbb{R}$ direkt eine Lösungsbasis für die zugehörige homogene GDG, ohne den Umweg über die Formulierung als äquivalente GDG 1. Ordnung im $\mathbb{R}^n$ zu gehen. Man beachte, dass die Systemmatrix Letzterer hier im Allgemeinen nicht diagonalisierbar ist, was jenen Umweg wesentlich erschwert. Stattdessen ordnen wir der GDG (5.4) das **charakteristische Polynom**

$$p(\lambda) = \lambda^n - a_{n-1}\lambda^{n-1} - \cdots - a_0, \quad \lambda \in \mathbb{C},$$

zu, indem wir auf ihrer linken Seite die Variablen $\tilde{x}^{(k)}$ ($\tilde{x} = \tilde{x}^{(0)}$) jeweils durch die entsprechende Potenz λ^k ($k = 0, \ldots, n$) der Polynomvariablen $\lambda \in \mathbb{C}$ ersetzen.

Es seien $\lambda_1, \ldots, \lambda_m \in \mathbb{C}$ die verschiedenen (komplexen) Nullstellen des Polynoms $p(\lambda)$ mit den Vielfachheiten $r_1, \ldots, r_m$ ($1 \leq m \leq n$). Dann bilden die Funktionen

$$e^{\lambda_j t}, \; te^{\lambda_j t}, \ldots, \; t^{r_j - 1}e^{\lambda_j t}, \quad t \in \mathbb{R}$$

für reelle Nullstellen $\lambda_j \in \mathbb{R}$ von $p(\lambda)$ zusammen mit den Funktionen

$$t^\ell e^{\alpha_j t}\cos(\beta_j t), \; t^\ell e^{\alpha_j t}\sin(\beta_j t), \quad t \in \mathbb{R}, \quad \ell = 0, 1, \ldots, r_j - 1$$

für Paare komplex konjugierter Nullstellen $\lambda_j = \alpha_j + i\beta_j$, $\lambda_{j+1} = \bar{\lambda}_j = \alpha_j - i\beta_j \in \mathbb{C}$, $\beta_j > 0$, eine reelle Lösungsbasis der gesuchten Art. Die letzteren Funktionen ergeben sich als Real- bzw. Imaginärteil der komplexwertigen Funktionen, die man für die komplexen Nullstellen $\lambda_j \in \mathbb{C}$ von $p(\lambda)$ nach Art der Konstruktion im reellen Fall erhält. Da das Polynom $p(\lambda)$ reelle Koeffizienten hat, treten nicht-reelle Nullstellen stets in Paaren komplex konjugierter Nullstellen gleicher Vielfachheit auf.

Die Gesamtzahl jener reellen Funktionen ist also $\sum_{k=1}^m r_k = n$, und sie sind linear unabhängige Lösungen der GDG (5.4) im homogenen Fall. Zur Begründung betrachten wir die äquivalente GDG 1. Ordnung im $\mathbb{R}^n$. Sei A deren Systemmatrix. Durch Determinantenentwicklung nach der letzten Zeile folgt

$$\det(A - \lambda E_n) = (-1)^n p(\lambda).$$

Somit stimmen die Eigenwerte λ_j ($j = 1, \ldots, m$) von A einschließlich der (algebraischen) Vielfachheiten r_j mit den Nullstellen von $p(\lambda)$ überein. Aufgrund der speziellen Struktur von A sind sämtliche Eigenwerte λ_j geometrisch einfach, und $v^j = v^{j_0} = (1, \lambda_j, \lambda_j^2, \ldots, \lambda_j^{n-1})^T$ ist jeweils ein zugehöriger Eigenvektor. Es seien $\varphi^{j_r}(t)$ ($r = 0, 1, \ldots, \ell_j$) mit $\ell_j = r_j - 1$ die in Abschn. 4.3 konstruierten komplexwertigen Basislösungen der GDG $\dot{x} = Ax$ zum Eigenwert λ_j. Für eine Linearkombination der

$\varphi^{j_r}(t)$ mit beliebigen Koeffizienten $c_r \in \mathbb{C}$ gilt ($t \in \mathbb{R}$; $s := r - \ell$):

$$\begin{aligned}\sum_{r=0}^{\ell_j} c_r \varphi^{j_r}(t) &= \sum_{r=0}^{\ell_j} c_r \sum_{\ell=0}^{r} t^{r-\ell} v^{j_\ell} e^{\lambda_j t} \\ &= \sum_{r=0}^{\ell_j} c_r \sum_{s=0}^{r} t^s v^{j_{r-s}} e^{\lambda_j t} = \sum_{s=0}^{\ell_j} t^s e^{\lambda_j t} \sum_{r=s}^{\ell_j} c_r v^{j_{r-s}}\end{aligned}$$

Die Isomorphie der Lösungsräume impliziert, dass sich die allgemeine komplexe homogene Lösung der GDG (5.4) in Form der ersten Komponenten beliebiger komplexer Linearkombinationen der Basislösungen $\varphi^{j_r}(t)$ bzgl. aller Eigenwerte λ_j darstellen lässt. Im homogenen Fall ist der komplexe Lösungsraum der GDG (5.4) also ein n-dimensionaler Untervektorraum des von den insgesamt n Funktionen

$$\tilde{\varphi}^{j_s}(t) = t^s e^{\lambda_j t}, \quad t \in \mathbb{R}, \quad s = 0, 1, \ldots, r_j - 1,$$

zu allen Nullstellen $\lambda_j \in \mathbb{C}$ $(j = 1, \ldots, m)$ von $p(\lambda)$ aufgespannten komplexen Vektorraums. Dies ist aber nur möglich, wenn dieser Vektorraum auch die Dimension n hat und mit jenem Untervektorraum übereinstimmt. Daher sind die Funktionen $\tilde{\varphi}^{j_s}(t)$ linear unabhängige Lösungen der GDG (5.4) mit $\tilde{h}(t) \equiv 0$ und bilden eine Basis des komplexen Lösungsraums dieser GDG.

Im inhomogenen Fall ist es möglich, für gewisse Inhomogenitäten $\tilde{h}(t)$ mittels eines geeigneten Ansatzes direkt eine partikuläre Lösung $\tilde{\varphi}_p(t)$, $t \in J$, der GDG (5.4) zu konstruieren. Hat die Inhomogenität beispielsweise die Form

$$\tilde{h}(t) = \tilde{P}(t) e^{\mu t}, \quad t \in \mathbb{R},$$

wobei $\mu \in \mathbb{C}$ und $\tilde{P} : \mathbb{R} \to \mathbb{C}$ ein Polynom ist, dann führt der Ansatz

$$\tilde{\varphi}_p(t) = \tilde{Q}(t) e^{\mu t}$$

zum Ziel, wobei $\tilde{Q} : \mathbb{R} \to \mathbb{C}$ ein Polynom vom Grad

$$\operatorname{grad} \tilde{Q} = r + \operatorname{grad} \tilde{P}$$

mit unbestimmten Koeffizienten ist und $r \in \mathbb{N}_0$ die Vielfachheit von $\mu \in \mathbb{C}$ als Nullstelle des charakteristischen Polynoms $p(\lambda)$ bezeichnet. Das Entsprechende gilt, wenn $\tilde{h}(t)$ eine endliche Summe derartiger Terme ist.

Beispiel
Ein spezielles Beispiel ist die GDG

$$\ddot{\tilde{x}} + \omega^2 \tilde{x} = t, \quad (t, \tilde{x}, \dot{\tilde{x}}) \in U = \mathbb{R} \times \mathbb{R}^2,$$

mit einem Parameter $\omega > 0$. Wir betrachten zunächst die zugehörige homogene GDG $\ddot{\tilde{x}} + \omega^2 \tilde{x} = 0$. Im Abschn. 2.3 haben wir die äquivalente GDG 1. Ordnung im $\mathbb{R}^2$ betrachtet. Hier bestimmen wir den Lösungsraum der skalaren GDG direkt. Das zugehörige charakteristische Polynom lautet $p(\lambda) = \lambda^2 + \omega^2$, $\lambda \in \mathbb{C}$. Dieses besitzt ein Paar einfacher, rein imaginärer Nullstellen $\lambda_{1/2} = \pm i\omega$. Somit bilden die Funktionen $\tilde{\varphi}^1(t) = \cos(\omega t)$ und $\tilde{\varphi}^2(t) = \sin(\omega t)$, $t \in \mathbb{R}$, gemäß der obigen Konstruktionsvorschrift eine Basis des reellen Lösungsraums. Deren Wronski-Determinante hat für alle $t \in \mathbb{R}$ den Wert

$$\tilde{W}(\tilde{\varphi}^1, \tilde{\varphi}^2)(t) = \begin{vmatrix} \cos(\omega t) & \sin(\omega t) \\ -\omega \sin(\omega t) & \omega \cos(\omega t) \end{vmatrix} = \omega > 0\,.$$

Eine mögliche Darstellung der allgemeinen Lösung der homogenen GDG $\ddot{\tilde{x}} + \omega^2 \tilde{x} = 0$ ist also:

$$\tilde{\varphi}^h_{\text{allg}}(t; c_1, c_2) = c_1 \cos(\omega t) + c_2 \sin(\omega t) \quad (t \in \mathbb{R}\,;\, c_1, c_2 \in \mathbb{R} \text{ beliebig})$$

Für $c_1^2 + c_2^2 \neq 0$ sind diese Lösungen dem früheren Resultat entsprechend $\frac{2\pi}{\omega}$-periodisch.

Um eine partikuläre Lösung der inhomogenen GDG $\ddot{\tilde{x}} + \omega^2 \tilde{x} = t$ zu finden, machen wir den Ansatz $\tilde{\varphi}_p(t) = q_0 + q_1 t$ mit unbestimmten Koeffizienten $q_0, q_1 \in \mathbb{R}$, denn die Inhomogenität $\tilde{h}(t) = t e^{0 \cdot t}$ ist ein Polynom vom Grad 1, und $\mu = 0$ ist keine Nullstelle (eine Nullstelle der Vielfachheit $r = 0$) des charakteristischen Polynoms $p(\lambda)$ $(p(0) = \omega^2 > 0)$. Es folgt mittels Koeffizientenvergleich: $\ddot{\tilde{\varphi}}_p(t) + \omega^2 \tilde{\varphi}_p(t) = t$ für alle $t \in \mathbb{R}$ $\iff$ $q_0 = 0$ und $q_1 = \frac{1}{\omega^2}$, d. h. $\tilde{\varphi}_p(t) = \frac{t}{\omega^2}$. Eine Darstellung der allgemeinen Lösung der inhomogenen GDG ist also:

$$\tilde{\varphi}_{\text{allg}}(t; c_1, c_2) = \frac{t}{\omega^2} + \tilde{\varphi}^h_{\text{allg}}(t; c_1, c_2) \quad (t \in \mathbb{R}\,;\, c_1, c_2 \in \mathbb{R} \text{ beliebig})$$

Für $c_1 = 1$ und $c_2 = \frac{1}{\omega} - \frac{1}{\omega^3}$ ergibt sich hieraus beispielsweise die eindeutige Lösung der inhomogenen GDG, welche die Anfangsbedingungen $\tilde{x}(0) = 1$ und $\dot{\tilde{x}}(0) = 1$ erfüllt.

5.4 Randwertprobleme (RWPe)

Die Schlussabschnitte dieses Kapitels gewähren einen kurzen Einblick in zwei weitere, bedeutsame Problemstellungen für GDGn, nämlich **Rand- und Eigenwertprobleme** (RWPe bzw. EWPe). Eine ausführliche Behandlung dieser Problemstellungen würde den Rahmen dieses Buches sprengen. Dazu sei auf die klassische Lehrbuchliteratur verwiesen.

Wir betrachten hier exemplarisch eine gewisse Klasse von RWPn für eine skalare, lineare GDG 2. Ordnung der Form

$$y'' - a_1(x)y' - a_0(x)y = h(x)\,, \quad x \in (a,b) \subset \mathbb{R}\,, \quad -\infty < a < b < \infty\,. \tag{5.5}$$

Dabei bezeichnen wir die unabhängige Variable jetzt mit $x \in \mathbb{R}$ und die abhängigen Variablen mit $y, y', y'' \in \mathbb{R}$. Letztere stehen für die Werte von einer Lösungsfunktion $y = \varphi(x)$ bzw. von deren Ableitungen $y' = \frac{d\varphi}{dx}(x)$ und $y'' = \frac{d^2\varphi}{dx^2}(x)$.

Im Zusammenhang mit Anwendungen treten RWPe und EWPe vorwiegend dann auf, wenn die unabhängige Variable eine Ortsvariable und nicht die Zeitvariable ist. Dies ist der Grund für die Umbenennung der Variablen im Vergleich zu den vorigen Kapiteln und Abschnitten. Zum Schluss werden wir noch ein entsprechendes Anwendungsproblem kennenlernen.

Bei einem Randwertproblem zu der GDG (5.5) sind Lösungen $y = \varphi(x)$ im offenen Intervall (a, b) gesucht, welche sich hinreichend glatt auf das abgeschlossene Intervall $[a, b]$ fortsetzen lassen, so dass in den Endpunkten $x = a$ und $x = b$ zusätzliche Randbedingungen (RBn) erfüllt sind. Wir betrachten hier so genannte **Sturmsche[2] Randbedingungen**

$$\begin{aligned} \alpha_1\, y(a) + \alpha_2\, y'(a) &= \gamma_a \\ \beta_1\, y(b) + \beta_2\, y'(b) &= \gamma_b \end{aligned} \tag{5.6}$$

mit gegebenen Randdaten $\alpha_k, \beta_k \in \mathbb{R}\ (k = 1, 2)$ sowie $\gamma_k \in \mathbb{R}\ (k = a, b)$. Dabei verlangen wir, dass sich die Lösungsfunktionen $\varphi(x)$ samt ihren Ableitungen $\frac{d\varphi}{dx}(x)$ stetig auf $[a, b]$ fortsetzen lassen und ihre **Randwerte** die RBn in (5.6) erfüllen. Ein solches **Sturmsches RWP** lässt sich relativ kompakt in Operatorform

$$\begin{aligned} L\,[y] &= h(x)\,, \quad x \in (a, b)\,, \\ U_a\,[y] &= \gamma_a \\ U_b\,[y] &= \gamma_b \end{aligned} \tag{5.7}$$

schreiben. Hierbei sind die Operatoren $L[y]$ und $U_k[y]$ $(k = a, b)$ durch die linken Seiten der Gleichungen in (5.5) bzw. in (5.6) definiert. Der Differentialoperator $L[y]$ ordnet jeder C^2-Funktion $y = y(x)$ auf (a, b) eine C^0-Funktion $L[y](x)$ auf (a, b) zu, während die Randoperatoren $U_k[y]$ auf Funktionen operieren, die auf $[a, b]$ hinreichend glatt sind, und diesen reelle Zahlen zuordnen. Alle drei Operatoren sind offensichtlich linear, d. h. es gilt

$$\begin{aligned} L[\alpha y_1 + \beta y_2] &= \alpha L[y_1] + \beta L[y_2]\,, \\ U_k[\alpha y_1 + \beta y_2] &= \alpha U_k[y_1] + \beta U_k[y_2]\,, \quad k = a, b\,, \end{aligned}$$

für beliebige Linearkombinationen von Argumenten y_1 und y_2 $(\alpha, \beta \in \mathbb{R})$. Daher ist (5.7) ein so genanntes **lineares RWP**. Man nennt es **vollhomogen**, falls $h(x) \equiv 0$ sowie $\gamma_a = \gamma_b = 0$ gilt, und **halbhomogen**, falls entweder $h(x) \equiv 0$ oder $\gamma_a = \gamma_b = 0$ gilt, sonst **inhomogen**. Für die Lösungen eines linearen RWPs gilt offensichtlich das Superpositionsprinzip. Im vollhomogenen Fall ist der Lösungsraum ein Vektorraum, und es existiert stets die triviale Lösung $y(x) \equiv 0$. Aber wie sieht der Lösungsraum im Allgemeinen aus?

Es zeigt sich, dass es im Gegensatz zu dem zuvor behandelten Anfangswertproblem nicht immer eine Lösung gibt, und dass, wenn es eine gibt, die Lösung nicht immer eindeutig ist. Für die Lösbarkeit der hier betrachteten RWPe gilt jedoch die **Fredholmsche[3] Alternative** analog zu linearen, algebraischen Gleichungssystemen.

[2] Jaques Charles Francois Sturm (1803–1855); Paris

[3] Erik Ivar Fredholm (1866–1927); Stockholm

Satz (Fredholmsche Alternative für die Lösbarkeit des RWPs (5.7)) *Die Koeffizientenfunktionen $a_1(x), a_0(x)$ sowie die Inhomogenität $h(x)$ der GDG in* (5.7) *seien auf dem abgeschlossenen Intervall $[a, b]$ definiert und dort stetig. Dann sind alle Lösungen $y = \varphi(x)$ dieser GDG und insbesondere die Elemente $\tilde{\varphi}^1(x)$ und $\tilde{\varphi}^2(x)$ einer Basis des Lösungsraums der homogenen GDG $L[y] = 0$ samt ihren Ableitungsfunktionen stetig auf $[a, b]$ fortsetzbar, und es gilt mit jeder solchen Basis: Das RWP* (5.7) *ist für beliebige Randdaten $\gamma_a, \gamma_b \in \mathbb{R}$ und für beliebige, auf $[a, b]$ stetige Inhomogenitäten $h(x)$ genau dann eindeutig lösbar, wenn die Determinante*

$$\Delta := \begin{vmatrix} U_a[\tilde{\varphi}^1] & U_a[\tilde{\varphi}^2] \\ U_b[\tilde{\varphi}^1] & U_b[\tilde{\varphi}^2] \end{vmatrix}$$

von Null verschieden ist. In diesem Fall hängt die Lösung stetig von den Randdaten ab. Dies ist genau dann der Fall, wenn das entsprechende vollhomogene RWP nur die triviale Lösung $y = \varphi(x) \equiv 0$ besitzt. Gilt dagegen $\Delta = 0$, dann ist der Lösungsraum im Fall des des vollhomogenen RWPs entweder ein 1- oder ein 2-dimensionaler Vektorraum und sonst, abhängig von γ_a, γ_b und $h(x)$, entweder leer oder ein 1- bzw. 2-dimensionaler affiner Raum.

Beweisskizze Die Stetigkeit von $a_0(x), a_1(x)$ und $h(x)$ auf $[a, b]$ impliziert, dass die rechte Seite der zur GDG (5.5) äquivalenten GDG 1. Ordnung im $\mathbb{R}^2$ auf $V = [a, b] \times \mathbb{R}^2$ stetig sowie dort (global) Lipschitz-stetig bzgl. $(y_1 = y, y_2 = y')^T \in \mathbb{R}^2$ gleichförmig in $x \in [a, b]$ ist. Wie im Zusammenhang mit dem Satz [Picard-Lindelöf, globale Version] in Abschn. 3.1 vermerkt, lässt sich also jede Lösung Letzterer und somit auch jede Lösung $y = \varphi(x)$ Ersterer samt deren Ableitung $y' = \varphi'(x)$ eindeutig und stetig auf $[a, b]$ fortsetzen. Dies gilt unter den Voraussetzungen des zu beweisenden Satzes insbesondere für die Elemente $\tilde{\varphi}^1(x)$ und $\tilde{\varphi}^2(x)$ einer Basis des Lösungsraums der homogenen GDG $L[y] = 0$ sowie für jede partikuläre Lösung $y = \tilde{\varphi}_p(x)$ der inhomogenen GDG (5.5). Derartige Funktionen gehören also zum Definitionsbereich beider Randoperatoren $U_k[y], k = a, b$. Daher gilt dies auch für jede Darstellung $y = \tilde{\varphi}_{\text{allg}}(x; c_1, c_2) = \tilde{\varphi}_p(x) + c_1\tilde{\varphi}^1(x) + c_2\tilde{\varphi}^2(x)$ ($c_1, c_2 \in \mathbb{R}$ beliebig) der allgemeinen Lösung der GDG (5.5).

Um den Lösungsraum des RWPs (5.7) zu studieren, betrachten wir eine solche Darstellung der allgemeinen Lösung der GDG (5.5) und versuchen, die Werte der freien Parameter $c_1, c_2 \in \mathbb{R}$ so zu bestimmen, dass die Randbedingungen (5.6) erfüllt sind. Einsetzen von $\tilde{\varphi}_{\text{allg}}(x; c_1, c_2)$ in die Randbedingungen und Berücksichtigung der Linearität der Randoperatoren $U_k[y]$, $k = a, b$, führt auf das folgende lineare, algebraische Gleichungssystem zur Bestimmung von c_1 und c_2:

$$\begin{aligned} U_a[\tilde{\varphi}^1]c_1 + U_a[\tilde{\varphi}^2]c_2 &= \gamma_a - U_a[\tilde{\varphi}_p] \\ U_b[\tilde{\varphi}^1]c_1 + U_b[\tilde{\varphi}^2]c_2 &= \gamma_b - U_b[\tilde{\varphi}_p] \end{aligned} \tag{5.8}$$

Durch die obige Formel für Δ ist offensichtlich die Determinante der Systemmatrix in (5.8) gegeben. Die restlichen Behauptungen des Satzes ergeben sich daher als Konsequenz der Fredholmschen Alternative für die Lösbarkeit linearer, algebraischer Gleichungssysteme und der resultierenden Struktur ihres Lösungsraums. □

Beispiel

Als konkretes Beispiel betrachten wir das RWP (5.7) mit $L[y] = y'' + y$, $h(x) = x$, $x \in (0, \pi)$, sowie $U_0[y] = y(0)$ und $U_\pi[y] = y(\pi)$. Analog zum Beispiel des vorigen Abschnitts findet man, dass $\tilde{\varphi}^1(x) = \cos x$ und $\tilde{\varphi}^2(x) = \sin x$, $x \in \mathbb{R}$, eine Basis des reellen Lösungsraums der homogenen GDG $L[y] = 0$ bilden und dass $\tilde{\varphi}_p(x) = x$, $x \in \mathbb{R}$, eine partikuläre Lösung der GDG $L[y] = x$ ist. Für $a = 0$ und $b = \pi$ gilt:

$$\Delta = \begin{vmatrix} \cos 0 & \sin 0 \\ \cos \pi & \sin \pi \end{vmatrix} = 0$$

Somit ist das RWP im vorliegenden Fall abhängig von den Randdaten γ_a und γ_b entweder nicht lösbar oder es existieren unendlich viele Lösungen. Ersteres gilt beispielsweise für $\gamma_a = 0$, $\gamma_b = 0$. Für $\gamma_a = 0$, $\gamma_b = \pi$ ist der Lösungsraum 1-dimensional und durch $\{y = \varphi(x) = x + c_2 \sin x,\ x \in [0, \pi] \,|\, c_2 \in \mathbb{R} \text{ beliebig}\}$ gegeben. Denn das lineare, algebraische Gleichungssystem (5.8) hat hier die allgemeine Lösung $c_1 = 0$ und $c_2 \in \mathbb{R}$ beliebig.

► **Bemerkung** Für allgemeines $n \in \mathbb{N}$ hat man bei einem RWP für eine GDG n. Ordnung in der Regel n skalare Randbedingungen, in welche Ableitungen der gesuchten Lösungsfunktion bis einschließlich zur Ordnung $n - 1$ eingehen. Dafür gilt die obige Lösungstheorie analog.

5.5 Ein Sturm-Liouvillesches[4] Eigenwertproblem (EWP)

Wir betrachten hier noch das spezielle, vollhomogene Sturmsche RWP

$$\begin{aligned} y'' + \mu y &= 0\,, \quad x \in (0, \ell)\,, \\ y(0) &= 0 \\ y(\ell) &= 0 \end{aligned} \tag{5.9}$$

wobei $\ell > 0$ fix und $\mu \in \mathbb{C}$ ein Parameter sei. Dies ist ein typisches Sturm-Liouvillesches EWP. Analog zur Eigenwerttheorie für quadratische Matrizen geht es hierbei um die Frage: Für welche Werte des Parameters μ besitzt das RWP (5.9) neben der trivialen Lösung $y = \varphi(x) \equiv 0$, die stets existiert, auch nicht-triviale Lösungen $y = \varphi(x) \not\equiv 0$? Diese Werte heißen **Eigenwerte** (EWe) und die entsprechenden nicht-trivialen Lösungen sind die zugehörigen **Eigenfunktionen** (EFn). Diese bilden zusammen mit der trivialen Lösung den zu einem EW μ gehörenden **Eigenraum** (ER). Da das RWP vollhomogen ist, ist dieser ER im vorliegenden Fall jeweils ein Vektorraum der Dimension 1 oder 2.

[4] Joseph Liouville (1809–1892); Paris

Obwohl für komplexe Werte von μ die Koeffizienten der GDG in (5.9) nicht alle reell sind, gilt die zuvor entwickelte Lösungstheorie entsprechend, wenn man komplexwertige Lösungen zulässt. Nun bestimmen wir die EWe sowie die zugehörigen EFn des EWPs (5.9). Die EWe findet man mittels der Fredholmschen Alternative wie folgt. Ist für $\mu \in \mathbb{C}$, $\{\tilde{\varphi}^1(x;\mu), \tilde{\varphi}^2(x;\mu)\}$ eine Basis des (komplexen) Lösungsraums der GDG in (5.9), so ist μ gemäß der obigen Theorie genau dann ein EW, wenn gilt:

$$\Delta = \Delta(\mu) = \begin{vmatrix} U_a[\tilde{\varphi}^1(\cdot\,;\mu)] & U_a[\tilde{\varphi}^2(\cdot\,;\mu)] \\ U_b[\tilde{\varphi}^1(\cdot\,;\mu)] & U_b[\tilde{\varphi}^2(\cdot\,;\mu)] \end{vmatrix} = 0$$

Die EWe des EWPs (5.9) sind also als Lösungen $\mu \in \mathbb{C}$ dieser **charakteristischen Gleichung** gegeben. Die zugehörigen EFn bestimmt man, indem man für jeden EW μ das lineare, algebraische Gleichungssystem (5.8) löst.

Im Fall des vorliegenden EWPs hat das charakteristische Polynom $p(\lambda) = \lambda^2 + \mu$, $\lambda \in \mathbb{C}$, der GDG in (5.9) für $\mu = 0$ eine doppelte Nullstelle $\lambda_{1,2} = 0$ und für $0 \neq -\mu = \rho e^{i\Theta} \in \mathbb{C}$ ($\rho > 0, 0 \leq \Theta < 2\pi$) ein Paar einfacher, komplexer Nullstellen

$$\lambda_{1,2} = \pm\sqrt{\rho}\, e^{i\frac{\Theta}{2}} = \pm\sqrt{\rho}\left(\cos\frac{\Theta}{2} + i\sin\frac{\Theta}{2}\right) =: \pm(\alpha + i\beta)\,.$$

Daher ist für $\mu = 0$ durch $\tilde{\varphi}^1(x;0) = 1$ und $\tilde{\varphi}^2(x;0) = x$ eine Basis des (komplexen) Lösungsraums der GDG in (5.9) gegeben, und für $\mu \neq 0$ durch $\tilde{\varphi}^{1,2}(x;\mu) = e^{\pm\alpha x}e^{\pm i\beta x}$. Dies impliziert $\Delta(0) = \ell > 0$ sowie für $\mu \neq 0$:

$$\Delta(\mu) = -2\sinh(\ell\alpha)\cos(\ell\beta) - i2\cosh(\ell\alpha)\sin(\ell\beta) = 0 \iff \alpha = 0\,,\ \sin(\ell\beta) = 0\,.$$

Gemäß der Definition von $\alpha = \sqrt{\rho}\cos\frac{\Theta}{2}$ und $\beta = \sqrt{\rho}\sin\frac{\Theta}{2}$ gilt mit $\rho > 0$:

$$\alpha = 0 \iff \Theta = \pi \iff \beta = \sqrt{\rho} \iff 0 < \mu \in \mathbb{R}\,.$$

Ferner gilt:

$$\sin(\ell\sqrt{\rho}) = 0 \iff \ell\sqrt{\rho} = k\pi \iff \rho = \rho_k = \left(\frac{k\pi}{\ell}\right)^2, \quad k \in \mathbb{N}\,.$$

Somit hat das EWP (5.9) abzählbar unendlich viele EWe $\mu_k = -\rho_k e^{i\pi} = \left(\frac{k\pi}{\ell}\right)^2$, $k \in \mathbb{N}$, die alle reell und positiv sind, sowie die zusätzliche Eigenschaft $0 < \mu_1 < \mu_2 < \cdots < \mu_k \to \infty$ für $k \to \infty$ besitzen. Bis auf die Positivität aller EWe sind diese Eigenschaften für die EWe Sturm-Liouvillescher EWPe generell erfüllt. Der zum EW μ_k gehörende 1-dimensionale reelle ER wird von der Funktion $\tilde{\varphi}_k(x) = \sin(\frac{k\pi}{\ell}x)$ aufgespannt.

Das EWP (5.9) ist ein vereinfachtes mathematisches Modell zur Lösung des so genannten **Eulerschen Knicklastproblems** aus der klassischen Mechanik (siehe z. B. [2]). Dabei betrachtet man einen dünnen, an beiden Enden gelenkig gelagerten, elastisch biegbaren Stab der Länge $\ell > 0$, der am einen Ende A ein festes Widerlager hat und am anderen Ende B einer Kraft vom Betrag P (Last) in Richtung A ausgesetzt ist. Ebene, **statische Konfigurationen (Gleichgewichtszustände)** des Stabes beschreibt man mathematisch durch Kurven, die man als Graphen von Funktionen $y = \varphi(x)$, $x \in [0, \ell]$, bezüglich eines karthesischen Koordinatensystems in der betreffenden Ebene mit Ursprung im Punkt A, und x-Achse in Richtung B darstellt (siehe Abb. 5.2). Die Variable x ist also eine Ortsvariable, und $y(x)$ bezeichnet die Auslenkung des Stabes in Richtung der y-Achse relativ zur x-Achse. Durch die Nullfunktion ist beispielsweise die ungekrümmte (geradlinige) **Grundkonfiguration (trivialer Gleichgewichtszustand)** des Stabes gegeben.

Näherungsweise beschreibt jede Lösung $y = \varphi(x)$ des RWPs in (5.9) für $0 \leq \mu \in \mathbb{R}$ eine mögliche ebene, statische Konfiguration des betrachteten Stabes, falls $|\varphi'(x)|$, $x \in [0, \ell]$, hinreichend klein ist. Letzteres impliziert, dass die Verbiegung des Stabes relativ klein ist. Dabei entsprechen die Randbedingungen in (5.9) den beschriebenen Einspannbedingungen des Stabes an seinen Enden, und $\mu = \frac{P}{EJ}$ ist proportional zur Last P. Der Proportionalitätsfaktor ergibt sich als Kehrwert des Produkts von zwei positiven Materialkonstanten, dem Elastizitätsmodul E und dem Flächenträgheitsmoment J. Der kleinste EW μ_1 des EWPs (5.9) quantifiziert exakt die so genannte **Eulersche Knicklast** (kritische Last) $P_1 = EJ\mu_1 = EJ(\frac{\pi}{\ell})^2$, unterhalb welcher der betrachtete Stab in der Grundkonfiguration der Last P unverändert standhält. Für $P < P_1$ bzw. $\mu < \mu_1$ hat das RWP in (5.9) keine andere Lösung. Dies ist zwar für $P_k < P < P_{k+1} = EJ\mu_{k+1} = EJ\big(\frac{(k+1)\pi}{\ell}\big)^2$ bzw. für $\mu_k < \mu < \mu_{k+1}$ ($k \in \mathbb{N}$) ebenso korrekt. Aber für $P \geq P_1$ lässt sich das Verhalten des betrachteten Stabes besser durch ein Modell beschreiben, welches nicht auf der (5.9) zugrunde liegenden Einschränkung $1 + \varphi'(x) \approx 1$, $x \in [0, \ell]$, für die Lösungen $y = \varphi(x)$ beruht und somit zumindest noch für moderat große Werte $P \geq P_1$ eine verlässliche mathematische Analyse des Eulerschen Knicklastproblems erlaubt. Wenn man auf jene Einschränkung verzichtet (geometrisch exakte Modellierung), dann erhält man im Rahmen der Elastostatik ein Modell, bei welchem die lineare GDG in (5.9) durch die folgende nicht-lineare GDG zu ersetzen ist ($\mu = \frac{P}{EJ} \in \mathbb{R}$):

$$\frac{y''}{(1 + (y')^2)^{3/2}} = -\mu\, y\,, \quad x \in (0, \ell)$$

Diese Gleichung besagt, dass die Krümmung des Stabes an jeder Stelle x proportional zum Biegemoment ist, welches die Last P an der betreffenden Stelle x im Stab erzeugt (Hooksches Gesetz), wobei der Proportionalitätsfaktor $\frac{1}{EJ}$ ist. Indem man diese nicht-lineare GDG um die triviale Lösung $y = \varphi(x) \equiv 0$, $x \in [0, \ell]$, linearisiert, erhält man im Sinne einer Näherung die lineare GDG in (5.9). Die Randbedingungen sind bei beiden Modellen dieselben; sie entsprechen den Einspannbedingungen an den Enden des Stabes.

Eine detaillierte Behandlung von RWPn für nicht-lineare GDGn würde im Rahmen dieses Buches zu weit führen. Hier nur einige Anmerkungen: Das RWP zu der obigen nicht-linearen GDG mit den RBn $y(0) = y(\ell) = 0$ besitzt für $P > P_1$ von der Nullfunktion verschiedene Lösungen $y = \varphi(x)$, $x \in [0, \ell]$, welche für $0 < P - P_1$ hinreichend

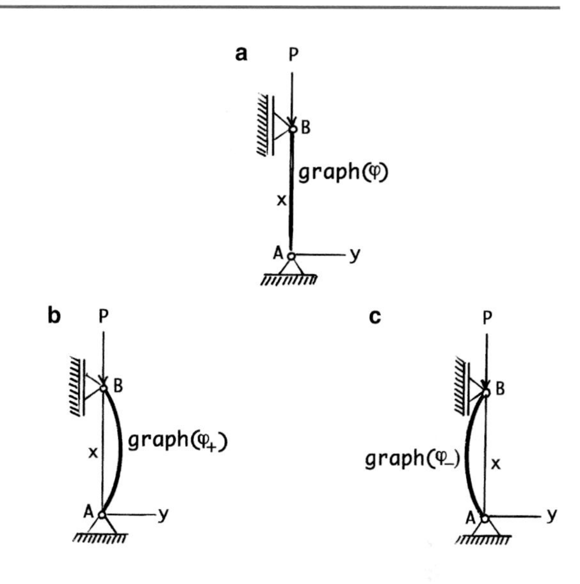

Abb. 5.2 **a** Geradlinige Grundkonfiguration ($y = \varphi(x) \equiv 0$) sowie **b, c** gekrümmte Gleichgewichtszustände ($y = \varphi_{\pm}(x) \approx \pm c \sin(\pi/\ell), x \in [0, \ell]$, $0 < P - P_1 \ll 1$, $0 < c \ll 1$) des Eulerschen Knickstabs unter den RBn $y(0) = y(\ell) = 0$ und der Last P, wobei P_1 die Eulersche Knicklast bezeichnet

klein, näherungsweise durch die Lösungen $c\tilde{\varphi}_1(x) = c \sin(\frac{\pi}{\ell}x)$, $0 \neq c = c(P) \in \mathbb{R}$, des linearen RWPs (5.9) beschrieben werden. Sie zweigen bei $P = P_1$ von der trivialen Lösung ab, d. h. $c(P) \to 0$ für $P \downarrow P_1$. Diese Verzweigungslösungen stellen nicht-triviale (gekrümmte) Gleichgewichtszustände des Stabes dar (vgl. Abb. 5.2). De facto ist das Eulersche Knicklastproblem ein Instabilitätsproblem. Der triviale Grundzustand des Stabes ist für $P < P_1$ stabil und für $P > P_1$ instabil. Bei $P = P_1$ wechselt die Stabilität auf die abzweigenden nicht-trivialen Gleichgewichtszustände über. Daher verharrt der Stab für $P < P_1$ im Grundzustand und knickt (biegt bzw. krümmt sich) für $P > P_1$. Ausgehend vom Grundzustand geht der Stab zumindest für moderat große $P > P_1$ nach einer gewissen Übergangsphase in einen nicht-trivialen Gleichgewichtszustand über, welcher durch die erwähnten Verzweigungslösungen des nicht-linearen stationären Modells beschrieben wird. Vom Standpunkt der Elastodynamik aus ist das RWP zur obigen nicht-linearen GDG mit den RBn $y(0) = y(\ell) = 0$ vergleichbar mit einem nicht-linearen, algebraischen Gleichungssystem zur Bestimmung der Nullstellen eines Vektorfeldes im $\mathbb{R}^n$ und somit zur Bestimmung der Gleichgewichtspunkte einer GDG 1. Ordnung mit der Zeit t als unabhängiger Variable. Das linearisierte RWP in (5.9) entspricht in diesem Sinne dem homogenen linearen, algebraischen Gleichungssystem, dessen Systemmatrix die Jacobi-Matrix des Vektorfeldes in einem der Gleichgewichtspunkte ist. Wie wir wissen, sind die EWe dieser Jacobi-Matrix ein mögliches Hilfsmittel zur Stabilitätsanalyse des betreffenden Gleichgewichtspunkts (Satz [Lyapunovs indirekte Methode], Abschn. 2.2). Zwar ist die relevante Evolutionsgleichung der Elastodynamik eine partielle Differentialgleichung (PDG), im vorliegenden Fall mit der Ortsvariable $x \in (0, \ell)$ als zusätzlicher unabhängiger Variable neben t. Aber analog zu einer GDG 1. Ordnung im $\mathbb{R}^n$ wird die Instabilität des stationären Grundzustands (trivialer Gleichgewichtszustand) im Bezug auf jene Evolutionsgleichung dadurch ausgelöst, dass der kleinste EW $\mu = \mu_1(P)$ in Abhängigkeit von P bei $P = P_1$ sein Vorzeichen wechselt, falls man in (5.9) μ durch $\frac{P}{EJ} + \mu$ ersetzt, d. h. den EW-Parameter μ relativ zu $\frac{P}{EJ}$ ansetzt.

Im Fall nicht-trivialer Gleichgewichtszustände des Eulerschen Knicklastproblems ist die GDG des linearisierten stationären Modells nicht-autonom. Dies erschwert die Eigenwertanalyse. Die Stabilität der bei $P = P_1$ vom Grundzustand abzweigenden nichttrivialen Gleichgewichtszustände des Stabes kann man, für P hinreichend nahe bei P_1, jedoch mit dem dafür geltenden allgemeinen *Prinzip des Stabilitätswechsels* der Verzweigungstheorie begründen (siehe z. B. [11], [22]).

5.6 Übungsaufgaben

5.1 Bestimmen Sie die allgemeine Lösung der Differentialgleichungen ($t, \tilde{x} \in \mathbb{R}$)
  a) $\ddot{\tilde{x}} = 2 - 2\tilde{x} - 3\dot{\tilde{x}}$
  b) $\tilde{x}^{(4)} - 2\ddot{\tilde{x}} + \tilde{x} = 0$.

5.2 Bestimmen Sie die allgemeine Lösung der Differentialgleichung

$$\tilde{x}^{(3)} + 2\ddot{\tilde{x}} + \dot{\tilde{x}} = t\,, \quad (t, \tilde{x}) \in \mathbb{R} \times \mathbb{R}\,,$$

sowie die allgemeine Lösung der Differentialgleichung

$$\tilde{x}^{(3)} - \ddot{\tilde{x}} - \dot{\tilde{x}} + \tilde{x} = \cos t - t\, e^{et}\,, \quad (t, \tilde{x}) \in \mathbb{R} \times \mathbb{R}\,.$$

5.3 Bestimmen Sie die Lösungen der folgenden Anfangswertprobleme in ihren maximalen Existenzintervallen und geben Sie jeweils das maximale Existenzintervall an ($(t, \tilde{x}) \in \mathbb{R} \times \mathbb{R}$)
  a) $\ddot{\tilde{x}} - 2\dot{\tilde{x}} = 5$, $\tilde{x}(0) = 1$, $\dot{\tilde{x}}(0) = 1$
  b) $\ddot{\tilde{x}} - 2\dot{\tilde{x}} - 3\tilde{x} = 3$, $\tilde{x}(0) = 1$, $\dot{\tilde{x}}(0) = 4$.

5.4 Berechnen Sie die Lösungen der folgenden Anfangswertprobleme ($(t, \tilde{x}) \in \mathbb{R} \times \mathbb{R}$)
  a) $\ddot{\tilde{x}} - 4\dot{\tilde{x}} + 4\tilde{x} = e^t$, $\tilde{x}(0) = 0$, $\dot{\tilde{x}}(0) = 1$
  b) $\ddot{\tilde{x}} - 4\dot{\tilde{x}} + 4\tilde{x} = 2\cosh t$, $\tilde{x}(0) = 2$, $\dot{\tilde{x}}(0) = 3$.
  c) Begründen Sie, warum die Lösungen dieser beiden Anfangswertprobleme global (bezüglich $t \in \mathbb{R}$) eindeutig bestimmt sind.

5.5 a) Bestimmen Sie die Lösung des Anfangswertproblems ($(t, \tilde{x}) \in \mathbb{R} \times \mathbb{R}$)

$$\ddot{\tilde{x}} - \tilde{x} = -2\,, \quad \tilde{x}(0) = 1,\ \dot{\tilde{x}}(0) = 2\,,$$

  indem Sie die skalare Differentialgleichung 2. Ordnung in ein äquivalentes System 1. Ordnung überführen.
  b) Begründen Sie, warum das Anfangswertproblem global eindeutig lösbar ist.

5.6 Lösen Sie das folgende Anfangswertproblem ($(t, \tilde{x}) \in (0, \infty) \times \mathbb{R}$):

$$\ddot{\tilde{x}} + \frac{1}{t}\dot{\tilde{x}} + \frac{1}{t^2}\tilde{x} = 0\,, \quad \tilde{x}(1) = 0\,,\ \dot{\tilde{x}}(1) = 1$$

Hinweis: Diese Differentialgleichung ist ein Beispiel für eine **Eulersche Differentialgleichung**. Man verwende den Ansatz $\tilde{x}(t) = y(\ln t)$ für $t > 0$ und leite eine Bestimmungsgleichung für die Funktion $y = y(\tau)$ mit $\tau = \ln t$ her.

5.7* a) (Nicht-linearer, gedämpfter Feder-Masse-Schwinger) Man zeige, dass der Gleichgewichtspunkt der folgenden GDG bei $\tilde{x} = \dot{\tilde{x}} = 0$ asymptotisch stabil ist:

$$m\ddot{\tilde{x}} + b(\dot{\tilde{x}}) + c(\tilde{x}) = 0\,, \quad (t, \tilde{x}) \in \mathbb{R} \times \mathbb{R}\,,$$

wobei $m > 0$ eine Konstante (Masse) und $b, c : \mathbb{R} \to \mathbb{R}$ stetig differenzierbare Funktionen seien mit

$$\begin{aligned} b(0) &= 0\,, & c(0) &= 0\,, \\ \dot{\tilde{x}} b(\dot{\tilde{x}}) &> 0 & &\text{für } \dot{\tilde{x}} \neq 0\,, \\ \tilde{x} c(\tilde{x}) &> 0 & &\text{für } \tilde{x} \neq 0\,. \end{aligned}$$

b) Man skizziere schematisch das Phasenportrait der GDG in Aufgabenteil a) für $b(\dot{\tilde{x}}) = \delta\dot{\tilde{x}}$ und $c(\tilde{x}) = k_1\tilde{x} + k_2\tilde{x}^3$, wobei $\delta > 0$ eine Dämpfungskonstante und $k_1, k_2 > 0$ Federkonstanten sind. Welchen Typs ist der Gleichgewichtspunkt bei $\tilde{x} = \dot{\tilde{x}} = 0$?

5.8* a) Man zeige, dass die Wronski-Determinante $\tilde{W} = \tilde{W}(t), t \in J \subset \mathbb{R}$ (J offenes Intervall), von n Lösungen einer skalaren linearen GDG n. Ordnung ($n \in \mathbb{N}$) der Form (5.3) die GDG

$$\dot{\tilde{W}} = a_{n-1}(t)\tilde{W}\,, \quad (t, \tilde{W}) \in J \times \mathbb{R}\,,$$

erfüllt.

b) Man berechne die Wronski-Determinante der n Funktionen

$$e^{\lambda t}, te^{\lambda t}, \ldots, t^{n-1}e^{\lambda t} \quad (t \in \mathbb{R})$$

mit $\lambda \in \mathbb{R}$ beliebig.

Hinweis: Die betreffenden Funktionen erfüllen eine gewisse skalare lineare GDG n. Ordnung.

5.9 Man löse das Randwertproblem

$$\begin{aligned} y'' - y' - 6y - 15 &= 0\,, \quad x \in (-1, 0)\,, \\ y(-1) &= 0 \\ y(0) &= 0\,. \end{aligned}$$

5.10 Man finde die Lösungen der GDG

$$y'' + 4y = 0$$

a) für $x \in (0, \frac{\pi}{4})$ zu den RBn $y(0) = 1$, $y\left(\frac{\pi}{4}\right) = -1$
b) für $x \in (0, \frac{\pi}{2})$ zu den RBn $y(0) = 1$, $y\left(\frac{\pi}{2}\right) = -1$
c) für $x \in (0, \frac{\pi}{2})$ zu den RBn $y(0) = 1$, $y\left(\frac{\pi}{2}\right) = 1$.

5.11 Man löse das Randwertproblem

$$\begin{aligned} y^{(4)} + y'' &= 0\,, \quad x \in (0, 2\pi)\,, \\ y(0) &= 1 \\ y'(0) &= 0 \\ y''(0) &= 0 \\ y(2\pi) &= 0\,, \end{aligned}$$

indem man zunächst die allgemeine Lösung der zugrunde liegenden GDG bestimme.

5.12 Man bestimme sämtliche Eigenwerte und zugehörige Eigenfunktionen der folgenden Sturm-Liouvilleschen Eigenwertprobleme:

a)

$$\begin{aligned} y'' - \mu y &= 0\,, \quad x \in (0, \pi)\,, \\ y(0) &= 0 \\ y'(\pi) &= 0 \end{aligned}$$

b)

$$\begin{aligned} x^2 y'' - x y' - \mu y &= 0\,, \quad x \in (1, \ell)\,, \quad 1 < \ell \in \mathbb{R}\,, \\ y(1) &= 0 \\ y(\ell) &= 0 \end{aligned}$$

Anhang 6

Hier tragen wir noch Beweise für einige Sätze aus den vorigen Kapiteln nach. Dazu leiten wir zunächst geeignete Versionen der **Gronwallschen Ungleichung** her.

6.1 Gronwall-Lemma

Lemma (Verallgemeinerte Gronwallsche Ungleichung) *Gegeben seien ein Intervall $I \subset \mathbb{R}$, $t_0 \in \mathring{I}$, und stetige Funktionen $\alpha, \beta : I \to \mathbb{R}$ mit $\beta \geq 0$ auf I. Erfüllt dann eine stetige Funktion $\varphi : I \to \mathbb{R}$ die Ungleichung*

$$\varphi(t) \leq \alpha(t) \pm \int_{t_0}^{t} \beta(s)\varphi(s)\, ds$$

für alle $t \in I$ mit $t \gtrless t_0$, so folgt für $t_0 \lesseqgtr t \in I$:

$$\varphi(t) \leq \alpha(t) \pm \int_{t_0}^{t} \alpha(s)\beta(s)\, e^{\pm \int_s^t \beta(\tau)d\tau} ds$$

bzw., falls $\alpha(s) \leq \alpha(t)$ für alle s mit $t_0 \lesseqgtr s \lesseqgtr t$,

$$\varphi(t) \leq \alpha(t)\, e^{\pm \int_{t_0}^t \beta(\tau)d\tau}$$

und, falls $\alpha(s) \geq \alpha(t)$ für alle s mit $t_0 \lesseqgtr s \lesseqgtr t$,

$$\varphi(t) \leq \alpha(t_0)\, e^{\pm \int_{t_0}^t \beta(\tau)d\tau}.$$

Beweis Wir beweisen das Lemma für die beiden Fälle $t \gtrless t_0$ simultan. (Für $t = t_0$ sind die Aussagen trivialerweise korrekt.) Wir setzen

$$\Phi(t) = e^{\mp \int_{t_0}^t \beta(\tau)d\tau}, \quad t_0 \lesseqgtr t \in I\,.$$

J. Scheurle, *Gewöhnliche Differentialgleichungen*, Mathematik Kompakt,
DOI 10.1007/978-3-319-55604-8_6

Dann folgt unter Verwendung der vorausgesetzten Ungleichung

$$\frac{d}{dt}\left(\Phi(t)\int_{t_0}^{t}\beta(s)\varphi(s)\,ds\right) = \Phi(t)\beta(t)\left(\varphi(t) \mp \int_{t_0}^{t}\beta(s)\varphi(s)\,ds\right)$$
$$\leq \Phi(t)\beta(t)\alpha(t)\,.$$

Integration bzgl. t von t_0 bis t liefert dann

$$\pm\Phi(t)\int_{t_0}^{t}\beta(s)\varphi(s)\,ds \leq \pm\int_{t_0}^{t}\Phi(s)\beta(s)\alpha(s)\,ds$$
$$\Longleftrightarrow \qquad \pm\int_{t_0}^{t}\beta(s)\varphi(s)\,ds \leq \pm\int_{t_0}^{t}\frac{\Phi(s)}{\Phi(t)}\beta(s)\alpha(s)\,ds\,.$$

Addiert man auf beiden Seiten der letzten Ungleichung $\alpha(t)$ und berücksichtigt man, dass gilt

$$\frac{\Phi(s)}{\Phi(t)} = \frac{e^{\mp\int_{t_0}^{s}\beta(\tau)d\tau}}{e^{\mp\int_{t_0}^{t}\beta(\tau)d\tau}} = e^{\pm\int_{s}^{t}\beta(\tau)d\tau}\,,$$

so folgt die erste der im Lemma behaupteten Ungleichungen. Falls $\alpha(s) \leq \alpha(t)$ für alle s mit $t_0 \lesseqgtr s \lesseqgtr t$ gilt, folgt aus jener die (i. Allg. gröbere) Abschätzung

$$\varphi(t) \leq \alpha(t)\left(1 \pm \int_{t_0}^{t}\beta(s)\,e^{\pm\int_{s}^{t}\beta(\tau)d\tau}\,ds\right)$$
$$= \alpha(t)\left(1 - \int_{t_0}^{t}\frac{d}{ds}\left(e^{\pm\int_{s}^{t}\beta(\tau)d\tau}\right)ds\right) = \alpha(t)\,e^{\pm\int_{t_0}^{t}\beta(\tau)d\tau}\,.$$

Falls $\alpha(s) \geq \alpha(t)$ für alle s mit $t_0 \lesseqgtr s \lesseqgtr t$ gilt, folgt die entsprechende Abschätzung mit $\alpha(t_0)$ anstelle von $\alpha(t)$. □

Folgerung (Spezielle Gronwallsche Ungleichung) *Gegeben seien ein Intervall $I \subset \mathbb{R}$, $t_0 \in \mathring{I}$ und Konstanten $\alpha, \beta, \gamma \in \mathbb{R}$ mit $\beta > 0$. Erfüllt dann eine stetige Funktion $\varphi : I \to \mathbb{R}$ die Ungleichung*

$$\varphi(t) \leq \alpha \pm \int_{t_0}^{t}(\beta\,\varphi(s) + \gamma)\,ds$$

für alle $t \in I$ mit $t \gtreqless t_0$ so folgt für $t \in I$:

$$\varphi(t) \leq \alpha\,e^{\beta\,|t-t_0|} + \frac{\gamma}{\beta}\left(e^{\beta\,|t-t_0|} - 1\right).$$

Beweis Auch diese Folgerung beweisen wir für die beiden Fälle $t \gtrless t_0$ simultan. Mit $\alpha(t) := \alpha \pm \gamma(t - t_0)$ impliziert die vorausgesetzte Ungleichung folgende Ungleichung:

$$\varphi(t) \leq \alpha(t) \pm \int_{t_0}^{t} \beta\, \varphi(s)\, ds\,.$$

Dies ist die im vorigen Lemma vorausgesetzte Ungleichung. Nach diesem Lemma gilt also

$$\begin{aligned}
\varphi(t) &\leq \alpha(t) \pm \int_{t_0}^{t} \alpha(s)\beta\, e^{\pm \int_s^t \beta d\tau} ds = \alpha(t) - \int_{t_0}^{t} \alpha(s) \frac{d}{ds}\Big(e^{\pm \int_s^t \beta d\tau}\Big) ds \\
&= \alpha(t) - \alpha(s)\, e^{\pm \int_s^t \beta d\tau} \Big|_{s=t_0}^{s=t} + \int_{t_0}^{t} \Big(\frac{d}{ds}\alpha(s)\Big) e^{\pm \int_s^t \beta d\tau} ds \\
&= \alpha(t) - \alpha(t) + \alpha(t_0)\, e^{\pm \int_{t_0}^t \beta d\tau} \pm \gamma \int_{t_0}^{t} e^{\pm\beta(t-s)} ds \\
&= \alpha\, e^{\pm\beta(t-t_0)} + \frac{\gamma}{\beta}\Big(e^{\pm\beta(t-t_0)} - 1\Big)\,.
\end{aligned}$$

Somit gilt die zu beweisende Ungleichung. Um von der ersten zur zweiten Zeile dieser Abschätzung zu gelangen, haben wir partiell integriert. □

6.2 Beweis des Satzes [Lipschitz-stetige Abhängigkeit von den Daten]

Da die Fundamentallösung $\varphi(t; t_0, x_0, \mu)$ unter den Voraussetzungen des zu beweisenden Satzes nach dem Satz [Maximale Fortsetzung der lokalen Lösung] existiert und in ihrem gesamten Definitionsbereich stetig ist, genügt es nach dem Lemma [Charakterisierung lokaler L-Stetigkeit] zu zeigen, dass sie in einer Umgebung jedes Punktes $(t^*, t_0^*, x_0^*, \mu^*)$ des Definitionsbereichs (global) L-stetig ist. Dazu betrachten wir ein Intervall $I = (a, b)$, so dass $t^*,\ t_0^* \in I$ gilt und $\bar{I}$ im maximalen Existenzintervall der Lösung $\varphi(\cdot; t_0^*, x_0^*, \mu^*)$ enthalten ist. Da die Fundamentallösung φ stetig ist, existiert eine kompakte Umgebung V^* von $(t_0^*, x_0^*, \mu^*) \in U \times \Lambda$, so dass die kompakte Umgebung $\bar{I} \times V^*$ von $(t^*, t_0^*, x_0^*, \mu^*)$ im Definitionsbereich von φ enthalten ist. Als Bild einer kompakten Menge unter einer stetigen Abbildung ist

$$V := \{(s, \varphi(s; t_0, x_0, \mu), \mu) \in \mathbb{R} \times U \times \Lambda \mid s \in \bar{I}\,,\ (t_0, x_0, \mu) \in V^*\}$$

eine kompakte Teilmenge von $\mathbb{R} \times U \times \Lambda$. Es seien $K = K(V)$ der Maximalwert von $\|\Psi(t, x, \mu)\|$ auf V und $L = L(V)$ die Lipschitz-Konstante bzgl. (x, μ) von Ψ in V.

Nun betrachten wir ein beliebiges Paar von Punkten $(t_0, x_0, \mu), (\tilde{t}_0, \tilde{x}_0, \tilde{\mu}) \in V^*$. Da die zugehörigen Lösungsfunktionen $\varphi(\cdot; t_0, x_0, \mu)$ und $\varphi(\cdot; \tilde{t}_0, \tilde{x}_0, \tilde{\mu})$ auf $\bar{I} = [a, b]$ definiert und stetig sind, erfüllen sie die folgenden Integralgleichungen (vgl. (3.1)):

$$\varphi(t; t_0, x_0, \mu) = x_0 + \int_{t_0}^{t} \Psi(s, \varphi(s; t_0, x_0, \mu), \mu)\, ds\,, \quad t \in [a, b]\,,$$

$$\varphi(\tilde{t}; \tilde{t}_0, \tilde{x}_0, \tilde{\mu}) = \tilde{x}_0 + \int_{\tilde{t}_0}^{\tilde{t}} \Psi(s, \varphi(s; \tilde{t}_0, \tilde{x}_0, \tilde{\mu}), \tilde{\mu})\, ds\,, \quad \tilde{t} \in [a, b]\,.$$

Aus der Differenz dieser Gleichungen ergeben sich die unten folgenden Abschätzungen, in die eingeht, dass für alle $s \in [a, b]$

$$(s, \varphi(s; t_0, x_0, \mu), \mu)\,, \ (s, \varphi(s; \tilde{t}_0, \tilde{x}_0, \tilde{\mu}), \tilde{\mu}) \in V$$

gilt. Ferner gelte die Ungleichung

$$\|(x, \mu)\| \le \|x\| + \|\mu\|\,.$$

Diese ist für die euklidische Norm wie auch für jeden anderen Standardtyp einer Norm in den betreffenden Räumen erfüllt. Es folgt für $t, \tilde{t} \in [a, b]$ beliebig:

$$\|\varphi(t; \tilde{t}_0, \tilde{x}_0, \tilde{\mu}) - \varphi(\tilde{t}; \tilde{t}_0, \tilde{x}_0, \tilde{\mu})\| \le K|t - \tilde{t}|.$$

Mit $\varphi(t) := \|\varphi(t; t_0, x_0, \mu_0) - \varphi(t; \tilde{t}_0, \tilde{x}_0, \tilde{\mu})\|$ folgt für $t \gtrless t_0$ außerdem

$$\varphi(t) \le \|x_0 - \tilde{x}_0\| + K|t_0 - \tilde{t}_0| \pm \int_{t_0}^{t} \Big(L\varphi(s) + L\|\mu - \tilde{\mu}\|\Big)\, ds\,.$$

Mit den Konstanten

$$\alpha = \|x_0 - \tilde{x}_0\| + K|t_0 - \tilde{t}_0|$$
$$\beta = L\,, \quad \gamma = L\|\mu - \tilde{\mu}\|$$

impliziert die spezielle Gronwallsche Ungleichung aufgrund der letzten Ungleichung (o. B. d. A.: $L > 0$)

$$\varphi(t) \le \alpha e^{\beta|t - t_0|} + \frac{\gamma}{\beta}\Big(e^{\beta|t - t_0|} - 1\Big)\,.$$

Schließlich erhält man, wegen $|t - t_0| \leq b - a$, die Abschätzungen:

$$\begin{aligned}\|\varphi(t;t_0,x_0,\mu) - \varphi(\tilde{t};\tilde{t}_0,\tilde{x}_0,\tilde{\mu})\| &\leq \varphi(t) + \|\varphi(t;\tilde{t}_0,\tilde{x}_0,\tilde{\mu}) - \varphi(\tilde{t};\tilde{t}_0,\tilde{x}_0,\tilde{\mu})\| \\ &\leq \Big(\|x_0 - \tilde{x}_0\| + K|t_0 - \tilde{t}_0|\Big)e^{L(b-a)} + \|\mu - \tilde{\mu}\|\Big(e^{L(b-a)} - 1\Big) + K|t - \tilde{t}|\end{aligned}$$

Da die Punkte (t, t_0, x_0, μ), $(\tilde{t}, \tilde{t}_0, \tilde{x}_0, \tilde{\mu})$ in $\bar{I} \times V^*$ beliebig gewählt waren, ist φ in dieser Umgebung von $(t^*, t_0^*, x_0^*, \mu^*)$ (global) L-stetig.

6.3 Beweis des Satzes [Lyapunovs indirekte Methode]

Wir beweisen zunächst die Aussage zur asymptotischen Stabilität des Gleichgewichtspunkts x_G. Dazu nehmen wir ohne Beschränkung der Allgemeinheit an, dass $x_G = 0$ gilt. Sonst verschieben wir den Koordinatenvektor gemäß $x \mapsto x + x_G$. Da v nach Voraussetzung ein C^1-Vektorfeld ist, lässt sich die GDG (2.3) in einer geeigneten Umgebung $\overline{B_{\varepsilon_0}(0)} \subset U$ von $x_G = 0$ in der Form

$$\dot{x} = Ax + R(x)\,, \quad \|x\| \leq \varepsilon_0\,,$$

schreiben, wobei $A = Jv(0)$ die Jacobi-Matrix von v an der Stelle $x_G = 0$ ist und

$$\lim_{x \to 0} \frac{\|R(x)\|}{\|x\|} = 0$$

gilt. Gemäß (4.4) erfüllen dann die Lösungen $x = \varphi(t; x_0)$ in $\|x\| \leq \varepsilon_0$ die Integralgleichung

$$\varphi(t;x_0) = \Gamma(t)\bigg(x_0 + \int_0^t \Gamma(-s)R\big(\varphi(s;x_0)\big)\,ds\bigg),$$

wobei $\Gamma(t)$ die Fundamentalmatrix zum Anfangswert $t_0 = 0$ der linearen GDG $\dot{x} = Ax$ ist, d. h. $\Gamma(t) = e^{At}$. Nach Voraussetzung sind die Realteile sämtlicher Eigenwerte λ_j von A strikt negativ, d. h. $Re\lambda_j < 3\kappa$ für ein $\kappa < 0$. Nach den in Abschn. 4.3 beschriebenen Konstruktionsmöglichkeiten für $\Gamma(t)$ sind die Elemente dieser Matrix Produkte einer für $|t| \to \infty$ höchstens polynomial wachsenden Funktion von $t \in \mathbb{R}$ und eines Faktors $e^{(Re\lambda_j)t}$. Daher existiert eine Konstante $\alpha \geq 1$, so dass gilt:

$$\|\Gamma(t)x\| \leq \alpha e^{2\kappa t}\|x\|\,, \quad t \geq 0\,, \quad x \in \mathbb{R}^n\,.$$

Nun wählen wir ε_0 so klein, dass gilt:

$$\|R(x)\| \leq \frac{|\kappa|}{\alpha}\|x\|\,, \quad \|x\| \leq \varepsilon_0\,.$$

Dann ergibt sich aus der obigen Integralgleichung für $\varphi(t;x_0)$ die folgende Abschätzung:

$$\|\varphi(t;x_0)\| \le \alpha e^{2\kappa t}\|x_0\| + |\kappa| e^{2\kappa t} \int_0^t e^{-2\kappa s}\|\varphi(s;x_0)\|\,ds\,, \quad t \ge 0\,.$$

Mit $\varphi(t) := e^{-2\kappa t}\|\varphi(t;x_0)\|$ ist diese Ungleichung äquivalent zu

$$\varphi(t) \le \alpha\|x_0\| + |\kappa| \int_0^t \varphi(s)\,ds\,, \quad t \ge 0\,.$$

Gronwalls spezielle Ungleichung impliziert daher für die Lösungen $x = \varphi(t;x_0)$ von (2.3) in $\|x\| \le \varepsilon_0$ die Abschätzung

$$\|\varphi(t;x_0)\| \le \alpha e^{\kappa t}\|x_0\|\,, \quad t \ge 0\,.$$

Zum Beweis der asymptotischen Stabilität des Gleichgewichtspunkts $x_G = 0$ zeigen wir zuerst dessen Stabilität. Dazu betrachten wir ein beliebiges $\varepsilon \in (0, \varepsilon_0]$ und setzen

$$\delta = \delta(\varepsilon) := \frac{\varepsilon}{2\alpha}\,.$$

Damit folgt, dass das maximale Existenzintervall der Lösungen $\varphi(t;x_0)$ von (2.3) mit $\|x_0\| < \delta$ das Intervall $[0,\infty)$ umfasst und $\|\varphi(t;x_0)\| < \varepsilon$ für $t \in [0,\infty)$ gilt. Um das zu begründen, nehmen wir für eine solche Lösung das Gegenteil an, d. h. die Menge

$$J = [0,\infty) \setminus \big\{t \in [0,\infty) \;\big|\; \varphi(t;x_0) \text{ existiert und } \|\varphi(t;x_0)\| < \varepsilon\big\}$$

sei nicht leer. Dann besitzt diese Menge ein positives Infimum

$$0 < t^* := \inf J < \infty\,,$$

da $\|x_0\| < \delta < \varepsilon$. Die obige Abschätzung von $\|\varphi(t;x_0)\|$ impliziert also

$$\|\varphi(t;x_0)\| \le \alpha e^{\kappa t}\delta \le \frac{\varepsilon}{2} < \varepsilon \le \varepsilon_0\,, \quad 0 \le t < t^*\,.$$

Nach dem Satz [Maximale Fortsetzung der lokalen Lösung] ist das maximale Existenzintervall einer Lösung $\varphi(t;x_0)$ von (2.3) dadurch begrenzt, dass die zugehörige Integralkurve dem Rand ∂U des erweiterten Phasenraums $U = \mathbb{R} \times M$, oder innerhalb von U dem Unendlichen, beliebig nahe kommt. Für $t \uparrow t^*$ ist aber weder das eine noch das andere der Fall, denn $\overline{B_\varepsilon(0)} \subset U$. Somit kann $\varphi(t;x_0)$ nach rechts über $t = t^*$ hinaus als Lösung von (2.3) fortgesetzt werden. Weiter gilt auch $\|\varphi(t;x_0)\| < \varepsilon$ ein Stück weit über $t = t^*$ hinaus, da $\varphi(t;x_0)$ stetig ist und $\|\varphi(t^*;x_0) \le \frac{\varepsilon}{2}$ gilt. Dies ist ein Widerspruch zu $t^* = \inf J$. Die Menge J ist also entgegen der obigen Annaheme leer, womit die Stabilität des Gleichgewichtspunkts $x_G = 0$ im Sinne von Lyapunov bewiesen ist.

Um vollends dessen asymptotische Stabilität zu beweisen, setzen wir $\varepsilon = \varepsilon_0$ und wählen

$$b = \delta(\varepsilon_0) = \frac{\varepsilon_0}{2\alpha} \,.$$

Damit gilt nach den vorherigen Ausführungen:

$$\|x_0\| < b \implies \lim_{t\to\infty} \|\varphi(t;x_0)\| \leq \lim_{t\to\infty} \alpha e^{\kappa t}\|x_0\| = 0 \,.$$

Als Nächstes beweisen wir die Aussage zur Instabilität des Gleichgewichtspunkts $x_G = 0$. Es seien $\kappa_2 > \kappa > \kappa_1 > 0$ Konstanten, so dass $Re\lambda_j > \kappa_2$ für einen Teil der Eigenwerte der Matrix A gilt und $Re\lambda_j < \kappa_1$ für die anderen. Es seien $E \subset \mathbb{R}^n$ der zu den Eigenwerten mit $Re\lambda_j > \kappa_2$ gehörende, verallgemeinerte reelle Eigenraum und $F \subset \mathbb{R}^n$ der komplementäre, zu den Eigenwerten mit $Re\lambda_j < \kappa_1$ gehörende, verallgemeinerte Eigenraum, d. h. $\mathcal{P}v = v$ für alle $v \in E$ und $\mathcal{Q}v = v$ für alle $v \in F$. Mit $\mathcal{P} : \mathbb{R}^n \to E$ und $\mathcal{Q} = id - \mathcal{P} : \mathbb{R}^n \to F$ bezeichnen wir die zugehörigen Eigenprojektoren. Diese sind linear und beschränkt. Die darstellenden Matrizen kommutieren mit A und $\Gamma(t)$ für alle $t \in \mathbb{R}$ bezüglich der Matrixmultiplikation. Analog zum ersten Beweisteil überlegt man sich, dass eine Konstante $\alpha \geq 1$ existiert, so dass gilt:

$$\|\Gamma(t)v\| \leq \alpha e^{\kappa_2 t}\|v\| \,, \quad v \in E \,,\ t \leq 0$$
$$\|\Gamma(t)v\| \leq \alpha e^{\kappa_1 t}\|v\| \,, \quad v \in F \,,\ t \geq 0$$

Ferner wählen wir $\varepsilon_0 > 0$ so, dass gilt:

$$\|R(x)\| \ \leq\ \beta\|x\| \,, \quad x \in \mathbb{R}^n \,, \quad \|x\| \leq \varepsilon_0$$

mit

$$\beta = \frac{1}{2\alpha}\left(\frac{\|\mathcal{P}\|}{\kappa_2 - \kappa} + \frac{\|\mathcal{Q}\|}{\kappa - \kappa_1}\right)^{-1}$$

Mit dem Ziel eines Beweises durch Widerspruch, nehmen wir nun an: Es gäbe ein $0 \neq x_0 \in E$, so dass $\varphi(t;x_0)$ für alle $t \geq 0$ existiert und $\|\varphi(t;x_0)\| \leq \varepsilon_0$ erfüllt. Die obige Integralgleichung für eine derartige Lösung $\varphi(t;x_0)$ zerlegen wir wie folgt in zwei Komponenten:

$$\mathcal{P}\varphi(t;x_0) = \Gamma(t)\Big(x_0 + \int_0^t \Gamma(-s)\mathcal{P}R(\varphi(s;x_0))\,ds\Big)$$

$$\mathcal{Q}\varphi(t;x_0) = \int_0^t \Gamma(t-s)\,\mathcal{Q}R(\varphi(s;x_0))\,ds$$

Wegen $\Gamma(t)^{-1}\mathcal{P}\varphi(t;x_0) = \Gamma(-t)\mathcal{P}\varphi(t;x_0) \to 0$ für $t \to \infty$ impliziert die erste Komponente

$$x_0 = -\int_0^\infty \Gamma(-s)\mathcal{P}R(\varphi(s;x_0))\,ds\,.$$

Diese ist daher äquivalent zu

$$\mathcal{P}\varphi(t;x_0) = -\int_t^\infty \Gamma(t-s)\,\mathcal{P}R(\varphi(s;x_0))\,ds\,.$$

Damit ergibt sich die folgende Abschätzung ($t \geq 0$):

$$\begin{aligned}
e^{-\kappa t}\|\varphi(t;x_0)\| &\leq e^{-\kappa t}\big(\|\mathcal{P}\varphi(t;x_0)\| + \|\mathcal{Q}\varphi(t;x_0)\|\big) \\
&\leq e^{-\kappa t}\int_t^\infty \alpha e^{\kappa_2(t-s)}\beta\|\mathcal{P}\|\|\varphi(s;x_0)\|\,ds + e^{-\kappa t}\int_0^t \alpha e^{\kappa_1(t-s)}\beta\|\mathcal{Q}\|\,\|\varphi(s;x_0)\|\,ds \\
&\leq \left(e^{-(\kappa-\kappa_2)t}\alpha\beta\|\mathcal{P}\|\int_t^\infty e^{(\kappa-\kappa_2)s}ds + e^{-(\kappa-\kappa_1)t}\alpha\beta\|\mathcal{Q}\|\int_0^t e^{(\kappa-\kappa_1)s}ds\right)\sup_{s\geq 0} e^{-\kappa s}\|\varphi(s;x_0)\| \\
&= \alpha\beta\left(\frac{\|\mathcal{P}\|}{\kappa_2-\kappa} + \frac{\|\mathcal{Q}\|}{\kappa-\kappa_1}\big(1-e^{-(\kappa-\kappa_1)t}\big)\right)\sup_{t\geq 0} e^{-\kappa t}\|\varphi(t;x_0)\| \\
&\leq \frac{1}{2}\sup_{t\geq 0} e^{-\kappa t}\|\varphi(t;x_0)\|
\end{aligned}$$

Für $x_0 \neq 0$ steht diese Abschätzung offensichtlich im Widerspruch zu $\varphi(t;x_0) \neq 0$. Daher existiert zu jedem $x_0 \in E$ mit $0 < \|x_0\| \leq \varepsilon_0$ ein $t > 0$, so dass $\|\varphi(t;x_0)\| > \varepsilon_0$ gilt. Somit ist der Gleichgewichtspunkt $x_G = 0$ instabil.

6.4 Beweis des Satzes [Lyapunovs direkte Methode]

Wir beweisen zunächst die Aussage zur Stabilität des Gleichgewichtspunkts x_G. Dazu sei $\varepsilon > 0$ so gegeben, dass die abgeschlossene Kugel $\overline{B_\varepsilon(x_G)}$ im Definitionsbereich Q einer Lyapunov-Funktion F zu x_G enthalten ist. Da F stetig ist, nimmt die Funktion F auf dem kompakten Rand $\partial B_\varepsilon(x_G)$ dieser Kugel nach dem *Satz von Weierstraß* ihr dortiges Minimum an, d. h. es existiert ein $m > 0$ mit $F(x) \geq m$ für $x \in \partial B_\varepsilon(x_G)$. Ferner existiert wegen $F(x_G) = 0$ ein $0 < \delta = \delta(\varepsilon) < \varepsilon$, so dass $F(x) < \frac{m}{2}$ gilt für $\|x - x_G\| < \delta$. Aufgrund der Eigenschaft $\dot{F}(x) \leq 0$ nimmt der Wert von $F(\varphi(t;x_0))$ längs einer Lösung von (2.3) im Definitionsbereich von F für wachsendes t nicht zu. Für $\|x_0 - x_G\| < \delta$, gilt also $F(\varphi(t;x_0)) < \frac{m}{2}$ für jedes $t \geq 0$, für welches $\varphi(t;x_0)$ existiert und in $B_\varepsilon(x_G)$ liegt. Dies ist aber dann für alle $t \geq 0$ der Fall. Denn sonst gäbe es aufgrund der Stetigkeit von $\varphi(t;x_0)$ ein $t > 0$ mit $\varphi(t;x_0) \in \partial B_\varepsilon(x_G)$, d. h. mit $F(\varphi(t;x_0)) \geq m$.

Nun beweisen wir die Aussage zur asymptotischen Stabilität von x_G. Dazu nehmen wir an, dass $F : Q \to \mathbb{R}$ eine Lyapunov-Funktion zu x_G ist, welche längs keiner Lösung $\varphi(t,x_0)$ von (2.3) mit $x_G \neq x_0 \in Q$ für $t \geq 0$ innerhalb von Q konstant ist. Nach dem eben Bewiesenen ist x_G also stabil. Zum Beweis der asymptotischen Stabilität von x_G fixieren wir ein $\varepsilon = \varepsilon_0$ aus dem ersten Teil des Beweises und setzen $b := \delta(\varepsilon_0) > 0$. Dann gilt:

$$\|x_0 - x_G\| < b \Longrightarrow \lim_{t\to\infty} \|\varphi(t;x_0) - x_G\| = 0$$

Sonst gäbe es nämlich eine Folge $(t_k)_{k\in\mathbb{N}} \subset \mathbb{R}$ mit $t_k \to \infty$ für $k \to \infty$, so dass gilt

$$0 < \kappa \leq \|\varphi(t_k;x_0) - x_G\| < \varepsilon_0$$

für ein gewisses κ und alle $k \in \mathbb{N}$. Ferner gäbe es nach dem *Satz von Bolzano-Weierstraß* eine Teilfolge, die wir wiederum mit $(t_k)_{k\in\mathbb{N}}$ bezeichnen, so dass $t_{k+1} > t_k$ für alle $k \in \mathbb{N}$ und $\varphi(t_k;x_0) \to \xi \in \mathbb{R}^n$ für $k \to \infty$, wobei $0 < \kappa \leq \|\xi - x_G\| \leq \varepsilon_0$. Da F stetig ist, folgt $F(\varphi(t_k;x_0)) \to F(\xi)$ für $k \to \infty$, wobei $F(\varphi(t_k;x_0)) \geq F(\varphi(t_{k+1};x_0)) \geq F(\xi) > 0$ gilt. Wegen $F(\varphi(t;\xi)) < F(\xi)$ für ein $t > 0$, führt dies aber mit $j,k \in \mathbb{N}$ hinreichend groß, wobei $t_j \geq t + t_k > t_k$ gelte, auf den folgenden Widerspruch:

$$F(\xi) \leq F(\varphi(t_j;x_0)) \leq F(\varphi(t + t_k;x_0)) = F(\varphi(t;\varphi(t_k;x_0))) < F(\xi)$$

6.5 Beweis des Satzes [Differenzierbarkeit bzw. Analytizität der Fundamentallösung]

Für den analytischen Fall wurde der Beweis direkt im Anschluss an die Formulierung des Satzes in Abschn. 3.2 geführt.

Die Differenzierbarkeit der Fundamentallösung beweisen wir induktiv im Bezug auf die Differentiationsordnung $r \in \mathbb{N}$.

Induktionsanfang: Zunächst betrachten wir den Fall $r = 1$. Wenn $\Psi : U \times \Lambda \to \mathbb{R}^n$ C^1-glatt ist, dann ist Ψ insbesondere stetig und lokal L-stetig bzgl. x und μ gleichförmig in t. Somit existiert die Fundamentallösung $\varphi(t;t_0,x_0,\mu)$ der GDG

$$\dot{x} = \Psi(t,x,\mu)\,, \quad (t,x,\mu) \in U \times \Lambda \subset \mathbb{R} \times \mathbb{R}^n \times \mathbb{R}^p\,, \tag{6.1}$$

wobei $n,p \in \mathbb{N}$, und $\mu \in \Lambda$ ein Parameter ist. Mit $D = D(\varphi(t;t_0,x_0,\mu)) \subset \mathbb{R} \times U \times \Lambda$ bezeichnen wir ihren Definitionsbereich. Sie ist in D lokal L-stetig und nach t

stetig differenzierbar. Mit der GDG (6.1) assoziieren wir die so genannte **erste Variationsgleichung** bzgl. $\varphi(t;t_0,x_0,\mu)$, d. h. das folgende System linearer GDGn 1. Ordnung ($(t,t_0,x_0,\mu)\in D$):

$$\begin{aligned} \dot{J_{t_0}\varphi} &= J_x\Psi\big(t,\varphi(t;t_0,x_0,\mu),\mu\big)J_{t_0}\varphi\,, \quad J_{t_0}\varphi\in\mathbb{R}^n \\ \dot{J_{x_0}\varphi} &= J_x\Psi\big(t,\varphi(t;t_0,x_0,\mu),\mu\big)J_{x_0}\varphi\,, \quad J_{x_0}\varphi\in\mathbb{R}^{(n,n)} \\ \dot{J_\mu\varphi} &= J_x\Psi\big(t,\varphi(t;t_0,x_0,\mu),\mu\big)J_\mu\varphi + J_\mu\Psi\big(t,\varphi(t;t_0,x_0,\mu),\mu\big), \quad J_\mu\varphi\in\mathbb{R}^{(n,p)} \end{aligned} \tag{6.2}$$

Dabei sind $J_{t_0}\varphi$, $J_{x_0}\varphi$ und $J_\mu\varphi$ die abhängigen Variablen, und t_0,x_0,μ Parameter. Die beiden obersten GDGn in (6.2) sind homogen, während die unterste inhomogen ist. Die beiden untersten GDGn in (6.2) sind jeweils äquivalent zu einem System von n linearen GDGn 1. Ordnung im $\mathbb{R}^n$ für die Spaltenvektoren der Matrixvariablen $J_{x_0}\varphi$ bzw. $J_\mu\varphi$. Die Systemmatrizen und die Inhomogenitäten all dieser GDGn im $\mathbb{R}^n$ sind stetige Funktionen von $(t,t_0,x_0,\mu)\in D$. Wir entnehmen daher Abschn. 4.1 und 4.2, dass die zugehörigen AWPe und somit das zu (6.2) gehörende AWP zu jeder Anfangsbedingung eine eindeutige Lösung besitzen, welche für $(t,t_0,x_0,\mu)\in D$ definiert und dort stetig sowie bzgl. t stetig differenzierbar ist.

Unter der Annahme, dass die Fundamentallösung $\varphi(t;t_0,x_0,\mu)$ von (6.1) in D stetig differenzierbar ist, rechnet man direkt nach, dass die Lösung von (6.2) zu der Anfangsbedingung

$$\big(J_{t_0}\varphi\big)(t_0) = -\Psi(t_0,x_0,\mu)\,, \quad \big(J_{x_0}\varphi\big)(t_0) = E_n\,, \quad \big(J_\mu\varphi\big)(t_0) = 0$$

durch die (partiellen) Ableitungen von $\varphi(t;t_0,x_0,\mu)$ nach t_0,x_0 und μ bzw. durch die entsprechenden Jacobi-Matrizen gegeben ist:

$$\begin{aligned} J_{t_0}\varphi &= J_{t_0}\varphi(t;t_0,x_0,\mu) \\ J_{x_0}\varphi &= J_{x_0}\varphi(t;t_0,x_0,\mu)\,, \quad (t,t_o,x_0,\mu)\in D \\ J_\mu\varphi &= J_\mu\varphi(t;t_0,x_0,\mu) \end{aligned}$$

Im Folgenden gehen wir nicht von jener Annahme aus, sondern zeigen umgekehrt, dass die eindeutige Lösung

$$\begin{aligned} J_{t_0}\varphi &= \big(J_{t_0}\varphi\big)(t;t_0,x_0,\mu) \\ J_{x_0}\varphi &= \big(J_{x_0}\varphi\big)(t;t_0,x_0,\mu)\,, \quad (t,t_o,x_0,\mu)\in D \\ J_\mu\varphi &= \big(J_\mu\varphi\big)(t;t_0,x_0,\mu) \end{aligned}$$

von (6.2) zur obigen Anfangsbedingung die Ableitungen von $\varphi(t;t_0,x_0,\mu)$ nach t_0,x_0 und μ bzw. die entsprechenden Jacobi-Matrizen darstellt. Die Stetigkeit dieser Ableitungen folgt mittels der Lösungsformel (4.4), da die Anfangswerte stetig bzgl. t_0,x_0 und μ

sind. Wenn Ψ stetig differenzierbar ist, dann ist also auch $\varphi(t;t_0,x_0,\mu)$ in $\mathcal{D}$ stetig differenzierbar. Zudem ergibt sich dann durch Differentiation der Integralgleichung

$$\varphi(t;t_0,x_0,\mu) = x_0 + \int_{t_0}^{t} \Psi\big(s,\varphi(s;t_0,x_0,\mu),\mu\big)\,ds \tag{6.3}$$

die Existenz und Stetigkeit sämtlicher Ableitungen 2. Ordnung von $\varphi(t;t_0,x_0,\mu)$, welche wenigstens eine Differentiation nach t enthalten.

Nach Definition genügt es, die Differenzierbarkeit punktweise zu zeigen. Sei (t^*,t_0^*,x_0^*,μ^*) ein beliebiger Punkt in D. Zu einem solchen Punkt wählen wir eine kompakte Umgebung $\bar{I}\times V^*\subset D$ wie im Beweis des Satzes [Lipschitz-stetige Abhängigkeit von den Daten]. Ebenso wählen wir die in diesem Beweis mit $\bar{I}\times V^*$ assoziierte kompakte Menge $V\subset\mathbb{R}\times U\times\Lambda$ wie dort. Wir benutzen, dass die Ableitungen von Ψ stetig und daher auf der kompakten Menge V gleichmäßig stetig sind. Ferner sei $K := K(V)$ der Maximalwert von $\|J_x\Psi(t,x,\mu)\|$ auf V, und $L := L(\bar{I}\times V^*)$ die Lipschitz-Konstante von $\varphi(t;t_0,x_0,\mu)$ in $\bar{I}\times V^*$. Zur Abkürzung führen wir die folgenden Bezeichnungen ein ($t\in I$; $(t_0,x_0,\mu)\in \mathring{V}^*$ hinreichend nahe bei (t_0^*,x_0^*,μ^*)):

$$\begin{aligned}
\varphi^*(t) &:= \varphi(t;t_0^*,x_0^*,\mu^*) & \big(J_{t_0}\varphi\big)^*(t) &:= \big(J_{t_0}\varphi\big)(t;t_0^*,x_0^*,\mu^*)\\
\varphi^*(t;t_0) &:= \varphi(t;t_0,x_0^*,\mu^*) & \big(J_{x_0}\varphi\big)^*(t) &:= \big(J_{x_0}\varphi\big)(t;t_0^*,x_0^*,\mu^*)\\
\varphi^*(t;x_0) &:= \varphi(t;t_0^*,x_0,\mu^*) & \big(J_{\mu}\varphi\big)^*(t) &:= \big(J_{\mu}\varphi\big)(t;t_0^*,x_0^*,\mu^*)\\
\varphi^*(t;\mu) &:= \varphi(t;t_0^*,x_0^*,\mu) & &
\end{aligned}$$

Wir beginnen mit der Differentiation nach x_0. Dazu betrachten wir einen Punkt (t_0^*,x_0,μ^*) mit $x_0\neq x_0^*$. Dann erhält man für $\phi(t) := \|\varphi^*(t;x_0)-\varphi^*(t)-\big(J_{x_0}\varphi\big)^*(t)(x_0-x_0^*)\|$ mittels der Integralgleichung (6.3) und der entsprechenden Integralgleichung für die Lösung $\big(J_{x_0}\varphi\big)^*(t)$ der mittleren Gleichung in (6.2), mit $\big(J_{x_0}\varphi\big)^*(t_0^*) = E_n$, die Abschätzung

$$\phi(t) \;\le\; o(1)\|x_0-x_0^*\| \pm K\int_{t_0^*}^{t}\phi(s)\,ds\,,\qquad t \gtrless t_0^*\,.$$

Das Landau[1]-Symbol $o(1)$ steht hier für eine Konstante, die für $x_0\to x_0^*$ gegen 0 konvergiert. Dabei haben wir insbesondere

$$\begin{aligned}
&\Psi\big(s,\varphi^*(s;x_0),\mu^*\big)-\Psi\big(s,\varphi^*(s),\mu^*\big)\\
&\quad=\int_0^1 J_x\Psi\big(s,(1-\sigma)\varphi^*(s)+\sigma\varphi^*(s;x_0),\mu^*\big)\big(\varphi^*(s;x_0)-\varphi^*(s)\big)\,d\sigma
\end{aligned}$$

[1] Edmund Landau (1877–1938); Berlin, Göttingen, Cambridge

sowie

$$\|\varphi^*(s;x_0) - \varphi^*(s)\| \leq L\|x_0 - x_0^*\|$$

und

$$\max_{\substack{s\in\bar{I}\\ \sigma\in[0,1]}} \|J_x\Psi(s,(1-\sigma)\varphi^*(s)+\sigma\varphi^*(s;x_0),\mu^*) - J_x\Psi(s,\varphi^*(s),\mu^*)\| = o(1) \text{ für } x_0 \to x_0^*$$

benutzt. Letzteres ist eine Folge der gleichmäßigen Stetigkeit von $J_x\Psi$ auf V. Mittels der speziellen Gronwallschen Ungleichung folgt aus der Abschätzung für $\varphi(t)$:

$$\varphi(t^*) \leq o(1)\|x_0 - x_0^*\|\, e^{K|t^*-t_0^*|}$$

Also gilt $\varphi(t^*)/\|x_0 - x_0^*\| \to 0$ für $x_0 \to x_0^*$, d.h. $\varphi(t;t_0,x_0,\mu)$ ist definitionsgemäß im Punkt (x^*,t_0^*,x_0^*,μ^*) nach x_0 differenzierbar, und $\big(J_{x_0}\varphi\big)^*(t^*)$ ist die entsprechende Jacobi-Matrix.

Analog fahren wir mit der Differentiation nach μ fort. Dazu betrachten wir einen Punkt (t_0^*,x_0^*,μ) mit $\mu \neq \mu^*$. Dann erhält man für $\varphi(t) := \|\varphi^*(t;\mu) - \varphi^*(t) - (J_\mu\varphi)^*(t)(\mu-\mu^*)\|$ mittels der Integralgleichung (6.3) und der entsprechenden Integralgleichung für die Lösung $(J_\mu\varphi)^*(t)$ der untersten Gleichung in (6.2), mit $(J_\mu\varphi)^*(t_0^*) = 0$, die Abschätzung

$$\varphi(t) \;\leq\; o(1)\|\mu-\mu^*\| \pm K\int_{t_0^*}^{t} \varphi(s)\,ds\,, \qquad t \gtrless t_0^*\,.$$

Hier steht das Landau-Symbol $o(1)$ für eine Konstante, die für $\mu \to \mu^*$ gegen 0 konvergiert. Dabei haben wir insbesondere Folgendes benutzt:

$$\begin{aligned}
&\Psi\big(s,\varphi^*(s;\mu),\mu\big) - \Psi\big(s,\varphi^*(s),\mu^*\big)\\
&\quad= \int_0^1 J_x\Psi\big(s,(1-\sigma)\varphi^*(s)+\sigma\varphi^*(s;\mu),(1-\sigma)\mu^*+\sigma\mu\big)\big(\varphi^*(s;\mu)-\varphi^*(s)\big)\,d\sigma\\
&\qquad+ \int_0^1 J_\mu\Psi\big(s,(1-\sigma)\varphi^*(s)+\sigma\varphi^*(s;\mu),(1-\sigma)\mu^*+\sigma\mu\big)(\mu-\mu^*)\,d\sigma
\end{aligned}$$

sowie

$$\|\varphi^*(s;\mu) - \varphi^*(s)\| \leq L\|\mu-\mu^*\|$$

und

$$\begin{aligned}
&\max_{\substack{s\in\bar{I}\\ \sigma\in[0,1]}} \Big(L\|J_x\Psi\big(s,(1-\sigma)\varphi^*(s)+\sigma\varphi^*(s;\mu),(1-\sigma)\mu^*+\sigma\mu\big)-J_x\Psi\big(s,\varphi^*(s),\mu^*\big)\| \\
&\qquad + \|J_\mu\Psi\big(s,(1-\sigma)\varphi^*(s)+\sigma\varphi^*(s;\mu),(1-\sigma)\mu^*+\sigma\mu\big)-J_\mu\Psi\big(s,\varphi^*(s),\mu^*\big)\|\Big) \\
&= o(1) \quad \text{für } \mu\to\mu^*
\end{aligned}$$

Letzteres ist eine Folge der gleichmäßigen Stetigkeit von $J_x\Psi$ und $J_\mu\Psi$ auf V. Aus der Abschätzung für $\varphi(t)$ folgt dann analog zum vorigen Fall:

$$\varphi(t^*) \le o(1)\|\mu-\mu^*\|e^{K|t^*-t_0^*|}$$

Also gilt $\varphi(t^*)/\|\mu-\mu^*\| \to 0$ für $\mu\to\mu^*$, d. h. $\varphi(t;t_0,x_0,\mu)$ ist im Punkt (t^*,t_0^*,x_0^*,μ^*) auch nach μ differenzierbar, und $\big(J_\mu\varphi\big)^*(t^*)$ ist die entsprechende Jacobi-Matrix.

Schließlich kommen wir noch zur Differentiation nach t_0. Dazu betrachten wir einen Punkt (t_0,x_0^*,μ^*) mit $t_0\neq t_0^*$. Dann erhält man für $\varphi(t) := \|\varphi^*(t;t_0)-\varphi^*(t)-\big(J_{t_0}\varphi\big)^*(t)(t_0-t_0^*)\|$ mittels der Integralgleichung (6.3) und der entsprechenden Integralgleichung für die Lösung $\big(J_{t_0}\varphi\big)^*(t)$ der obersten Gleichung in (6.2), mit $\big(J_{t_0}\varphi\big)^*(t_0^*) = -\Psi(t_0^*,x_0^*,\mu^*)$, die Abschätzung

$$\varphi(t) \;\le\; o(1)|t_0-t_o^*| \pm K\int_{t_0^*}^{t}\varphi(s)\,ds\,, \qquad t\gtrless t_0^*$$

Nun steht das Landau-Symbol $o(1)$ für eine Konstante, die für $t_0\to t_0^*$ gegen 0 konvergiert. Dabei haben wir insbesondere Folgendes benutzt:

$$\int_{t_0}^{t}\Psi\big(s,\varphi^*(s;t_0),\mu^*\big)\,ds = \int_{t_0}^{t_0^*}\Psi\big(s,\varphi^*(s;t_0),\mu^*\big)\,ds + \int_{t_0^*}^{t}\Psi\big(s,\varphi^*(s;t_0),\mu^*\big)\,ds\,,$$

$$\begin{aligned}
&\Psi\big(s,\varphi^*(s;t_0),\mu^*\big)-\Psi\big(s,\varphi^*(s),\mu^*\big) \\
&\quad= \int_0^1 J_x\Psi\big(s,(1-\sigma)\varphi^*(s)+\sigma\varphi^*(s;t_0),\mu^*\big)\big(\varphi^*(s;\mu)-\varphi^*(s)\big)\,d\sigma\,,
\end{aligned}$$

$$\|\varphi^*(s;t_0)-\varphi^*(s)\| \;\le\; L|t_0-t_0^*|\,,$$

sowie

$$\begin{aligned}
&\max_{\substack{s\in\bar{I}\\ \sigma\in[0,1]}} \|J_x\Psi\big(s,(1-\sigma)\varphi^*(s)+\sigma\varphi^*(s;t_0),\mu^*\big)-J_x\Psi\big(s,\varphi^*(s),\mu^*\big)\| \\
&\quad + \max_{\substack{t_0\le s\le t_0^*\\ \text{bzw. } t_0^*\le s\le t_0}} \|\,\Psi\big(s,\varphi^*(s;t_0),\mu^*\big)-\Psi(t_0^*,x_0^*,\mu^*)\| \\
&= o(1) \quad \text{für } t_0\to t_0^*
\end{aligned}$$

In Letzteres geht neben der gleichmäßigen Stetigkeit von $J_x\Psi$ auf V die Stetigkeit von Ψ und φ im Punkt $(t_0^*, x_0^*, \mu^*) \in V$ bzw. im Punkt $(t_0^*, t_0^*, x_0^*, \mu^*) \in \bar{I} \times V^*$ ein, denn $\varphi^*(t_0^*; t_0^*) = x_0^*$. Mittels der speziellen Gronwallschen Ungleichung folgt hier

$$\varphi(t^*) \leq o(1)|t_0 - t_0^*|e^{K|t^* - t_0^*|}$$

und somit $\varphi(t^*)/|t_0 - t_0^*| \to 0$ für $t_0 \to t_0^*$. Damit ist die Differenzierbarkeit von $\varphi(t; t_0, x_0, \mu)$ im Punkt $(t^*, t_0^*, x_0^*, \mu^*)$ auch nach t_0 gezeigt, wobei $\left(J_{t_0}\varphi\right)^*(t^*)$ die entsprechende Jacobi-Matrix ist. Da der Punkt $(t^*, t_0^*, x_0^*, \mu^*)$ in D beliebig gewählt war und die (partiellen) Ableitungen nach t, t_0, x_0 und μ stetig sind, folgt also die stetige Differenzierbarkeit von $\varphi(t; t_0, x_0, \mu)$ in D. Damit ist der Fall $r = 1$ als Induktionsanfang abgehandelt.

Induktionsannahme: Wir nehmen an, dass die Aussagen des Satzes für $1 \leq r \leq k - 1$, $k \geq 2$, korrekt sind.

Induktionsschluss: Dazu sei $r = k$ und $\Psi : U \times \Lambda \to \mathbb{R}^n$ C^k-glatt. Dann ist die rechte Seite des folgenden Systems von GDGn 1. Ordnung

$$\begin{aligned} \dot{x} &= \Psi(t, x, \mu), \quad (t, x, \mu) \in U \times \Lambda \\ \dot{J_{t_0}\varphi} &= J_x\Psi(t, x, \mu)J_{t_0}\varphi, \quad J_{t_0}\varphi \in \mathbb{R}^n \\ \dot{J_{x_0}\varphi} &= J_x\Psi(t, x, \mu)J_{x_0}\varphi, \quad J_{x_0}\varphi \in \mathbb{R}^{(n,n)} \\ \dot{J_\mu\varphi} &= J_\mu\Psi(t, x, \mu)J_\mu\varphi + J_\mu\Psi(t, x, \mu), \quad J_\mu\varphi \in \mathbb{R}^{(n,p)} \end{aligned} \tag{6.4}$$

C^{k-1}-glatt bzgl. t sowie aller abhängigen Variablen und des Parameters $\mu \in \Lambda$. Dies ist wieder eine Gleichung des Typs (6.1). Daher dürfen wir die Aussagen der Induktionsannahme darauf anwenden. Danach existiert die zugehörige Fundamentallösung. Diese ist in ihrem Definitionsbereich $(k-1)$-fach stetig differenzierbar. Dies gilt daher auch für die Lösung $\left(\varphi, J_{t_0}\varphi, J_{x_0}\varphi, J_\mu\varphi\right)(t; t_0, x_0, \mu)$ von (6.4) zur Anfangsbedingung

$$x(t_0) = x_0, \ \left(J_{t_0}\varphi\right)(t_0) = -\Psi(t_0, x_0, \mu), \ \left(J_{x_0}\varphi\right)(t_0) = E_n, \quad \left(J_\mu\varphi\right)(t_0) = 0,$$

da die Anfangswerte diese Eigenschaft bzgl. t_0, x_0 und μ haben. (Eine Komposition von C^{k-1}-Funktionen ist wieder eine C^{k-1}-Funktion.) Aufgrund der Eindeutigkeit ist diese Lösung komponentenweise durch die entsprechenden Lösungen der GDGn (6.1) und (6.2) gegeben. Aufgrund der speziellen Struktur letzterer GDG ist D der Definitionsbereich jener Lösungen (vgl. obige Ausführungen zum Induktionsanfang). Wie wir oben gezeigt haben, stellen die Lösungen von (6.2) aber die Ableitungen von $\varphi(t; t_0, x_0, \mu)$ nach t_0, x_0 und μ dar. Der Integrand in (6.3) mit $s = t$ stellt die Ableitung von $\varphi(t; t_0, x_0, \mu)$ nach t dar. Also sind sämtliche Ableitungen 1. Ordnung von $\varphi(t; t_0, x_0, \mu)$ $(k - 1)$-fach stetig differenzierbar in D, d. h. φ ist dort C^k-glatt. Durch wiederholte Differentiation der Integralgleichung in (6.3) ergibt sich die Existenz und Stetigkeit sämtlicher Ableitungen $(k + 1)$. Ordnung von $\varphi(t; t_0, x_0, \mu)$, welche wenigstens eine Differentiation nach t enthalten. Damit ist der Induktionsschluss bewerkstelligt.

Um den Beweis des Satzes zu vervollständigen, nutzen wir aus, dass der Gültigkeitsbereich des Satzes nicht von $r \in \mathbb{N}$ abhängt, sondern stets mit dem Definitionsbereich D der Fundamentallösung $\varphi(t; t_0, x_0, \mu)$ der DGD (6.1) übereinstimmt. Mit $\Psi : U \times \Lambda \to \mathbb{R}^n$ ist daher auch $\varphi : D \to \mathbb{R}^n$ C^∞-glatt.

▶ **Bemerkung** Analog, in Ergänzung zum eben bewiesenen Satz, beweist man induktiv: Sind für $r \in \mathbb{N}$ die r-fachen Ableitungen der C^r-Funktion $\Psi : U \times \Lambda \to \mathbb{R}^n$ nach x und μ lokal L-stetig bzgl. x und μ gleichförmig in t, dann sind sämtliche Ableitungen der Ordnung r von $\varphi(t; t_0, x_0, \mu)$ in D lokal L-stetig. Durch wiederholte Differentiation der Integralgleichung in (6.3) ergibt sich darüber hinaus, dass auch sämtliche Ableitungen $(r + 1)$. Ordnung von $\varphi(t; t_0, x_0, \mu)$, welche wenigstens eine Differentiation nach t enthalten, lokal L-stetig in D sind, wenn alle Ableitungen r. Ordnung von Ψ lokal L-stetig bzgl. t, x und μ sind.

Literatur

1. H. Amann, *Gewöhnliche Differentialgleichungen*, 2. Aufl. (W. de Gruyther-Verlag, 1995)
2. S.S. Antman, *Nonlinear Problems of Elasticity* (Springer-Verlag, 2000)
3. V.I. Arnold, *Ordinary Differential Equations* (Springer-Verlag, 2006)
4. V.I. Arnold, *Geometrical Methods in the Theory of Ordinary Differential Equations* (Springer-Verlag, 1983)
5. V.I. Arnold, *Mathematical Methods of Classical Mechanics* (Springer-Verlag, 1978)
6. B. Aulbach, *Gewöhnliche Differentialgleichungen*, 2. Aufl. (Spektrum Akademischer Verlag, 2004)
7. G.D. Birkhoff, *Dynamical Systems* (American Mathematical Society Publications, 1927)
8. F. Brauer, J.A. Nohel, *Ordinary Differential Equations: A First Course* (W. A. Benjamin, Inc., 1967)
9. M. Braun, *Differentialgleichungen und ihre Anwendungen* (Springer-Verlag, 1994)
10. C. Chicone, *Ordinary Differential Equations with Applications* (Springer-Verlag, 1999)
11. S.-N. Chow, J.K. Hale, *Methods of Bifurcation Theory* (Springer-Verlag, 1982)
12. E.A. Coddington, N.A. Levinson, *Theory of Ordinary Differential Equations* (McGraw Hill Publisher, 1955)
13. V.V. Golubev, *Vorlesungen über Differentialgleichungen im Komplexen*. Hochschulbücher für Mathematik, Bd. 43 (VEB Deutscher Verlag der Wissenschaften, 1958)
14. D. Grobman, Homeomorphisms of systems of differential equations, Doklady Akademii Nauk SSSR **128**, 880–881 (1959)
15. L. Grüne, O. Junge, *Gewöhnliche Differentialgleichungen. Eine Einführung aus der Perspektive der dynamischen Systeme* (Vieweg und Teubner-Verlag, 2009)
16. J.K. Hale, *Ordinary Differential Equations* (John Wiley & Sons, Inc., 1980)
17. P. Hartman, *Ordinary Differential Equations* (John Wiley & Sons, Inc., 1964)
18. P. Hartman, A lemma in the theory of structural stability of differential equations, Proceedings of the American Mathematical Society **11**(4), 610–620 (1960)
19. H. Heuser, *Gewöhnliche Differentialgleichungen* (B.G. Teubner-Verlag, 1995)
20. M.W. Hirsch, S. Smale, *Differential Equations, Dynamical Systems and Linear Algebra* (Academic Press, 1974)
21. I. Ince, *Die Integration gewöhnlicher Differentialgleichungen* (BI-Taschenbücher, 1967)
22. G. Iooss, D.D. Joseph, *Elementary Stability and Bifurcation Theory* (Springer-Verlag, 1981)
23. E. Kamke, *Differentialgleichungen reeller Funktionen* (Akademische Verlagsgesellschaft, 1956)
24. E. Kamke, *Differentialgleichungen, Lösungsmethoden und Lösungen* (Akademische Verlagsgesellschaft, 1959)

J. Scheurle, *Gewöhnliche Differentialgleichungen*, Mathematik Kompakt,
DOI 10.1007/978-3-319-55604-8

25. Y.P. La Salle, S. Lefschetz, *Stability by Lyapunov's Direct Method with Applications* (Academic Press, 1961)
26. L.D. Landau, E.M. Lifschitz, *Course of Theoretical Physics, Vol. 1: Mechanics* (Pergamon Press, 1988)
27. S. Lefschetz, *Ordinary Differential Equations: Geometric Theory*, Interscience Publishers, Inc., 1957.
28. J.H. Liu, *A First Course in the Qualitative Theory of Differential Equations* (Pearson Education, 2003)
29. A.M. Lyapunov, *Problème Général de la Stabilité du Mouvement*. Annals of Mathematical Studies, Bd. 17 (Princeton University Press, 1949)
30. I. Newton, *Philosophiae Naturalis Principia Mathematica* (London, 1687)
31. V.V. Nemytskii, V.V. Stepanov, *Qualitative Theory of Differential Equations* (Princeton University Press, 1960)
32. H. Poincaré, *Mémoire sur les courbes définies par les équations différentielles*, 4 Bd. (Gauthier-Villar Publ., 1980–1990)
33. H. Poincaré, Sur les équations de la dynamique et le problème de trois corps, Acta Math. **13**, 1–220 (1890)
34. H. Poincaré, *Les Methodes Nouvelles de la Mecanique Celeste*, 3 Bd. (Gauthier-Villar Publ., 1899)
35. S. Sternberg, *On the structure of local homeomorphisms of Euclidean n-space, II*, Amer. J. Math. **80**, 623–631 (1958)
36. G. Teschl, *Ordinary Differential Equations and Dynamical Systems* (American Mathematical Society Publications, 2012)
37. W. Walter, *Gewöhnliche Differentialgleichungen: Eine Einführung*, 7. Aufl. (Springer-Verlag, 2000)

Sachverzeichnis

Printed in the United States
By Bookmasters